海缆工程技术丛书

海底光缆工程

中国人民解放军海缆通信技术研究中心　组编

王瑛剑　乔小瑞　袁　峰　罗钦发　舒　畅
　　　　　　　　　　　　　　　　　　　　编著
张忠旭　魏　巍　王　晶　陈　津　柯　超

U0353241

机械工业出版社

本书是"海缆工程技术丛书"的一个分册,系统地介绍了海底光缆通信系统的组成、海缆工程的路由勘察、海底光缆通信系统的设计、海缆船及专用设备、海缆的敷设要求及设备、海缆的埋设要求及设备、海缆登陆施工及保护方法、海缆的维护与维修、海缆作业配套设备等方面的基本知识。

　　读者通过本书能够了解海缆工程建设的一般要求,可作为海缆工程各技术领域的工具书和教材,供海缆通信专业的工程设计、施工、维护和管理人员使用,也可供从事海缆工程专业的科研教学人员参考。

图书在版编目(CIP)数据

海底光缆工程/中国人民解放军海缆通信技术研究中心组编;王瑛剑等编著. —北京:机械工业出版社,2017.6
　(海缆工程技术丛书)
　ISBN 978-7-111-57193-3

　Ⅰ.①海…　Ⅱ.①中…②王…　Ⅲ.①海底-光纤通信-工程施工
Ⅳ.①TN913.332

中国版本图书馆 CIP 数据核字(2017)第 146706 号

机械工业出版社(北京市百万庄大街 22 号　邮政编码 100037)
策划编辑:付承桂　责任编辑:张沪光　封面设计:鞠　杨
责任校对:张　薇　责任印制:李　昂
北京宝昌彩色印刷有限公司
2017 年 9 月第 1 版第 1 次印刷
169mm×239mm · 12.25 印张 · 229 千字
标准书号:ISBN 978-7-111-57193-3
定价:49.00 元

编 委 会
（排名不分先后）

丛书序

在信息技术飞速发展的今天，海量数据的传输需求迅猛增长，海底光缆扮演着不可或缺的角色。如今，全球已建成数百条海底光缆通信系统，总长度超过100万km，已经把除南极洲外的所有大洲以及大多数有人居住的岛屿紧密地联系在一起，构成了一个极其庞大的具有相当先进性的全球通信网络，承担着全世界超过90%的国际通信业务。因此海底光缆已成为全球信息通信产业飞速发展的主要载体，是光传输技术中的尖端领域，更是各大通信巨头争相抢夺的制高点。

而海底光缆通信是集海洋工程、海洋调查、船舶工程、航海技术、机械工程、通信工程、电力电子以及高端装备制造等于一体的多专业、多领域交叉的学科，因此海缆工程被世界各国公认为是世界上最复杂的大型技术工程之一。

本丛书是一套完整覆盖海缆工程各技术领域的工具书。中国人民解放军海缆通信技术研究中心在积累了20余年军地海缆建设工程实践经验，并结合多年承担全军海缆工程技术培训任务的基础上，组织国内海缆行业各相关领域领先的技术团队编写了本套丛书，包括《海底光缆工程》《海底光缆——设计、制造与测试》《海底光缆通信系统》《海缆工程建设管理程序与实务》《海缆路由勘察技术》《海缆探测技术》六本书，覆盖海缆工程从项目论证到桌面研究，从路由勘察到工程设计，再到海缆线路和相关设备制造、传输系统和关键设备集成，乃至工程实施及运行维护等各方面，以供海缆专业的工程设计、施工、维护和管理人员使用，也可供从事海缆工程专业的科研教学人员参考。

当前，我国海洋事业已进入历史上前所未有的快速发展阶段，"海缆工程技术丛书"的编著和出版，对我国海缆事业的长远规划和可持续发展具有重要意义，对推进我国海洋信息化建设、助力国家"一带一路"战略实施也将产生积极促进作用。

我国已迈出从海洋大国向海洋强国转变的稳健步伐，愿各位海缆人坚定信念、不忘初心，勇立潮头、继续奋进，为早日实现中国梦、海洋梦、强国梦贡献更大力量！

前　言

　　海底光缆通信系统是国际通信、洲际通信的重要基础设施，具有超远距离传输、大容量、高可靠等特点，是实现全球互联的重要通信手段。1988年，世界上第一条跨洋海底光缆建成，经过20多年的发展，已在全球语音和数据通信骨干网中占据了主导地位。目前，海底光缆已跨越全球除南极洲之外的六大洲，总长度超过100万km，构成了一张不间断的巨型网络，提供国际通信90%以上的业务量，在世界经济发展、文化交流和社会进步的进程中正发挥着重要的作用。

　　本书是"海缆工程技术丛书"的一个分册，系统地介绍了海底光缆通信系统的组成、海缆工程的路由勘察、海底光缆通信系统的设计、海缆船及专用设备、海缆的敷设要求及设备、海缆的埋设要求及设备、海缆登陆施工及保护方法、海缆的维护与维修、海缆作业配套设备等方面的基本知识。读者通过本书能够了解海缆工程建设的一般要求，可作为海缆工程各技术领域的工具书和教材，供海缆通信专业的工程设计、施工、维护和管理人员使用，也可供从事海缆工程专业的科研教学人员参考。

　　本书共分九章。第1章为概论，首先简要介绍有中继传输系统和无中继传输系统的系统构成、系统终端设备和海底设备，然后介绍海缆工程的概念、特点、分类及具体内容，着重介绍海缆工程的施工程序和要求。第2章介绍海洋环境对海缆工程的影响及路由勘察的程序和方法等。第3章阐述海底光缆通信系统的主要设计指标及设计方法，重点介绍了海底光缆线路工程的设计。第4章介绍海缆船及专用设备，重点介绍了海缆施工前的工作程序，包括海底光缆贮存的专用设备和贮存要求，装载注意事项和装载量计算、水上运输和陆地运输方法。第5章首先介绍海缆敷设的基本分类、基本要求、控制方法和常用的敷设设备，其中重点介绍海缆敷设的控制方法、液压鼓轮电缆机铺设海缆施工、电动鼓轮电缆机系统、直线式布缆机铺设海缆施工。第6章介绍海缆埋设施工的条件和应用范围、埋设要求，重点介绍水喷式海缆埋设、犁刀式海缆埋设施工方法和注意事项。第7章介绍常用的海缆登陆施工方法、海缆线路保护施工、海缆的非开挖工艺。第8章介绍海缆维护的措施和内容。第9章介绍海缆测试设备、海缆维修打捞设备、海缆接续设备及其相应的配套器材等。

本书撰写过程中，王瑛剑、舒畅负责第 1~3 章的编写工作，袁峰、王晶负责第 4 章的编写工作，乔小瑞、魏巍、张忠旭负责第 5~7 章的编写工作，罗钦发、陈津负责第 8 章的编写工作，柯超、乔小瑞负责第 9 章的编写工作。

　　上述人员都是长期从事光通信科研、工程和教学的技术骨干。乔小瑞负责对全书文稿的归纳整理，柯超负责全书部分图表的绘制。在本书的编写过程中得到了董秀春高工和糜定高工的热心指导和大力帮助，在此一并致谢。

　　由于编者水平有限，难免有不妥或错误之处，恳请读者批评指正。

编　者

目　录

丛书序
前　言
第 1 章　概论 ……………………………………………………… 1
　1.1　海底光缆通信系统概述 ……………………………………… 1
　　1.1.1　海底光缆有中继传输系统 ……………………………… 2
　　1.1.2　海底光缆无中继传输系统 ……………………………… 5
　1.2　海缆工程 ……………………………………………………… 7
　　1.2.1　海缆工程概念 …………………………………………… 7
　　1.2.2　海缆工程的分类 ………………………………………… 7
　　1.2.3　海缆工程内容 …………………………………………… 8
　　1.2.4　海缆施工程序 …………………………………………… 9
　　1.2.5　海缆工程的要求 ………………………………………… 11
第 2 章　海底光缆路由勘察 ……………………………………… 15
　2.1　海洋环境 ……………………………………………………… 15
　　2.1.1　海洋环境与路由勘察 …………………………………… 15
　　2.1.2　中国海的地质、水文特征 ……………………………… 18
　2.2　海底光缆路由勘察及选择 …………………………………… 24
　　2.2.1　勘察流程和准备 ………………………………………… 24
　　2.2.2　登陆点的勘察及选择 …………………………………… 27
　　2.2.3　海上路由勘察 …………………………………………… 28
　　2.2.4　路由选择及综合评价 …………………………………… 33
　　2.2.5　路由勘察报告 …………………………………………… 35
第 3 章　海底光缆通信系统与线路工程设计 …………………… 37
　3.1　海底光缆通信系统设计 ……………………………………… 37
　　3.1.1　海底光缆通信系统设计和用户要求 …………………… 37
　　3.1.2　有中继海底光缆通信系统设计方法 …………………… 40
　　3.1.3　无中继海底光缆通信系统设计方法 …………………… 48
　3.2　海底光缆线路工程设计 ……………………………………… 54
　　3.2.1　海底光缆通信系统工程三阶段设计 …………………… 54

3.2.2　海底光缆通信系统工程一阶段设计 ················· 55
　3.2.3　海底光缆线路工程施工图设计 ··················· 56

第4章　海缆施工前准备 ··························· 60

　4.1　海缆作业船 ······························· 60
　　4.1.1　海缆作业船简介 ························· 60
　　4.1.2　典型海缆作业船 ························· 61
　　4.1.3　现代新型海缆作业船 ······················ 73
　4.2　海缆的贮存、装载与运输 ····················· 77
　　4.2.1　海底光缆的贮存 ························· 77
　　4.2.2　海底光缆的装载 ························· 78
　　4.2.3　海底光缆的运输 ························· 80
　4.3　清扫海区 ······························· 81

第5章　海缆的敷设施工 ··························· 83

　5.1　海缆敷设要求 ···························· 83
　　5.1.1　海缆敷设的基本分类 ······················ 83
　　5.1.2　海缆敷设的基本要求 ······················ 84
　　5.1.3　海缆敷设的控制 ························· 85
　　5.1.4　常用的敷设设备 ························· 86
　5.2　鼓轮电缆机铺设海缆施工 ····················· 87
　　5.2.1　液压鼓轮电缆机铺设施工 ···················· 87
　　5.2.2　电动鼓轮电缆机系统 ······················ 103
　5.3　直线式布缆机铺设海缆施工 ···················· 107
　　5.3.1　履带布缆机系统 ························· 107

第6章　海缆的埋设施工 ··························· 122

　6.1　海缆埋设要求 ···························· 122
　　6.1.1　海缆埋设施工的条件和应用范围 ················· 122
　　6.1.2　海缆埋设要求 ·························· 123
　6.2　水喷式海缆埋设施工 ······················· 123
　　6.2.1　水喷式埋设法 ·························· 123
　　6.2.2　HM-150水喷式埋设机系统 ··················· 125
　6.3　犁刀式海缆埋设施工 ······················· 132
　　6.3.1　犁刀式海缆埋设方法 ······················ 132
　　6.3.2　埋设犁系统 ··························· 133

第7章　海缆登陆与线路保护 ························· 146

　7.1　海缆登陆施工 ···························· 146
　7.2　海缆线路保护施工 ························· 148
　　7.2.1　线路保护 ···························· 148
　　7.2.2　禁区划定 ···························· 149

7.2.3　人井（水线房）建设 ……………………………………… 149

7.2.4　标志牌安装 …………………………………………………… 149

7.2.5　标石安装 ……………………………………………………… 150

7.2.6　线路防护 ……………………………………………………… 150

第8章　海缆的维护与维修 …………………………………………… 152

8.1　海缆的维护制度及内容 ………………………………………… 152

8.2　海缆的保护措施 ………………………………………………… 153

第9章　海缆作业配套设备 …………………………………………… 154

9.1　海缆测试设备 …………………………………………………… 154

9.1.1　光时域反射仪 ………………………………………………… 154

9.1.2　绝缘电阻测试仪 ……………………………………………… 155

9.1.3　耐压测试仪 …………………………………………………… 155

9.1.4　接地电阻测试仪 ……………………………………………… 155

9.1.5　HL25-3型海缆故障仪 ………………………………………… 156

9.1.6　CS-1型海缆综合探测设备 …………………………………… 157

9.2　海缆维修打捞设备 ……………………………………………… 158

9.2.1　打捞锚设备 …………………………………………………… 158

9.2.2　钢丝绳及链条 ………………………………………………… 161

9.2.3　纤维缆绳 ……………………………………………………… 162

9.2.4　索具及连接件 ………………………………………………… 164

9.2.5　海缆制动器 …………………………………………………… 169

9.2.6　浮标 …………………………………………………………… 171

9.2.7　登陆浮球 ……………………………………………………… 171

9.2.8　深海声学释放器 ……………………………………………… 173

9.2.9　平台吊笼 ……………………………………………………… 173

9.2.10　拴紧带 ………………………………………………………… 173

9.2.11　工具及器材 …………………………………………………… 174

9.3　海缆接续设备及工具器材 ……………………………………… 179

9.3.1　海缆接续设备 ………………………………………………… 179

9.3.2　海缆接续工具及器材 ………………………………………… 181

附录 ……………………………………………………………………… 182

附录A　GB/T 50328—2014《建设工程文件归档规范》 …………… 182

附录B　勘察有关技术标准 …………………………………………… 184

附录C　设计有关标准及主要法规依据 ……………………………… 185

第 1 章

概论

本章 1.1 节介绍海底光缆通信系统的构成、分类及特点，包括有中继传输系统和无中继传输系统，并着重介绍这两种系统的系统构成、系统终端设备和海底设备；1.2 节介绍海缆工程的概念、特点、分类及具体内容，并着重介绍了海缆工程的施工程序和要求。

1.1 海底光缆通信系统概述

海底光缆通信系统由于其大容量、高质量、高可靠及保密抗干扰、隐蔽和抗毁能力强等诸多优点，已成为连接大陆与岛屿通信的必备手段。它在和平时期是人们生活中不可缺少的保障手段，而在战争时期又是战斗力的倍增器，还是未来信息战中的重要角色。

自 1985 年世界第一条海底光缆投入运营以来，海底光缆通信得到了迅猛发展。仅在短短的 10 余年时间里，海底光缆通信就经历了两次巨大变革，在这个变革的过程中，第一代海底光缆传输系统，采用工作波长 $1.3\mu m$ 窗口的常规单模光纤和动态多纵模激光器，衰减系数为 $0.30 \sim 0.40 dB/km$，最大色散系数为 $3.5 ps/(nm \cdot km)$，传输速率为 280Mbit/s，线路码型为 24B1P，每对光纤提供 64kbit/s 的信道 3780 个话路。系统的传输容量视光缆内的光纤对数决定，一般海底光缆采用三对光纤，其容量是 3780 个话路的三倍。平均中继段长为 50km，系统传输长度为 8000km。

第二代海底光缆传输系统，采用工作波长 $1.55\mu m$ 窗口的损耗最小的单模光纤，衰减系数为 $0.15 \sim 0.20 dB/km$，最大色散系数为 $20 ps/(nm \cdot km)$，或采用 $1.55\mu m$ 波长色散位移单模光纤，用动态单纵模激光器来代替动态多纵模激光器，其衰减系数为 $0.19 \sim 0.25 dB/km$，最大色散系数为 $3.5 ps/(nm \cdot km)$ 传输速率为 560Mbit/s，线路码型为 24B1P，每对光纤提供 64kbit/s 的信道 7560 个话路，三对光纤的光缆系统传输容量为 7560 个话路的三倍。中继段平均长度为 120km。系统传输长度 10 000km。两型海底光缆的敷设水深可达 8 000m。

现在第三代技术已成熟并大量推广应用，由于第三代技术的运用，海底光缆通信也由原先的点对点传输发展到了多点对多点的传输。

纵横交错的海底光缆网络目前已覆盖了全球各大海域，承担了80%以上的国际通信业务。更加先进和庞大的新型海底光网络正在建设和计划之中。随着社会的发展，特别是全球互联网的迅猛发展，现代通信网显得越来越重要。为了满足人们在任何时间任何地点都能同其他任何人实现任何方式的通信（即所谓5W要求：Whoever、Whenever、Wherever、However、Whatever），加速建设海底光缆具有非常重要的战略意义。权威市场报告《海底光缆：全球战略商业报告》中指出，到2018年，全球海底光缆累计敷设预计达200万km。

由此可见，在大力发展陆地光缆通信的同时，越洋的、地区性的、国内的海底光缆通信干线的建设成了沿海各国竞相发展的重要通信手段。

海底光缆系统大体上可分为两大类：一类是有中继的中长距离系统，这种系统在海底需设中继器，岸上设有供电设备，通过海缆为中继器供电，它适合于沿海大城市之间，跨洋国际间的通信；另一类是无中继中短距离系统，这种系统在海底无信号再生设备，海缆无需为中继器供电，它适合于大陆与近海岛屿、岛屿跟岛屿之间的通信。

1.1.1　海底光缆有中继传输系统

图1-1表示典型的有中继器的点对点海底光缆系统框图。海底光缆系统的主要设备可以分为两类：水中设备和岸上设备，有时也称为湿设备和干设备。它们的作用见表1-1。

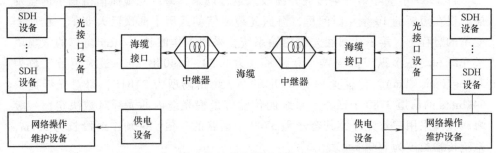

图1-1　典型的有中继器的点对点海底光缆系统框图

1. 系统构成

系统结构如图1-2所示。

2. 系统终端设备

海底光缆系统的终端设备和陆地光缆系统的终端设备组成基本相同，同样包括终端传输设备、数字配线架（DDF）、系统监视设备（SSE）和供电设备（PFE）等。除此之外，海底光缆系统终端设备还包括海缆终端设备（CTE）和中继监控设备（RSE）。这些设备均安装在海底光缆系统终端局内。

表 1-1 具有中继器的点对点海底光缆系统的组成与作用

分类	组成		作用
	有中继系统	无中继系统	
水中设备	海缆	海缆	光的传输介质
	光中继器（EDFA）	可能有远端泵浦 EDFA	对传输光信号进行放大、补偿光纤损耗
	分支单元		分配电信业务到不同的登陆点
岸上设备	复用设备	复用设备	提供海底光缆系统和传输网络其他部分间的接口
	光接口或线路终端设备（LTE）	光接口或线路终端设备（LTE）	提供复用设备和湿设备之间的接口
	供电设备	无供电设备（PFE）可能需要高功率泵浦源	提供电源给中继线路
	网络维护运行设备	网络维护运行设备	监视系统性能并连接海底光缆通信系统到网络管理系统

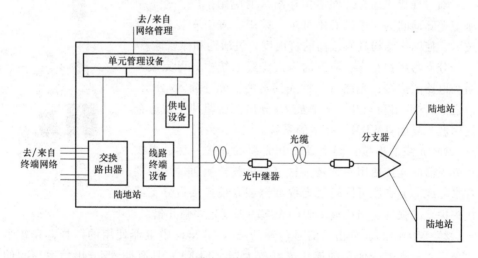

图 1-2 海缆中继传输系统结构示意图

3. 系统海底设备

海底设备由海底光缆、海底中继器和水下分支器等几部分组成。

（1）海底光缆

目前，海底光缆采用的光纤主要有常规单模光纤、零色散位移光纤、最低损耗光纤和非零色散位移光纤四种，这四种光纤分别符合 ITU-T 建议的 G.652、G.653、G.654 和 G.655 标准。海底光缆的光纤数一般为 4～24，多采用束管式，缆芯内填充阻水油膏。海底光缆的基本结构为聚乙烯层、聚酯树脂或沥青层、钢绞线层、铝制防水层、聚碳酸酯层、铜管或铝管、石蜡、烷烃层和光纤束等。根据海缆的护层结构，海缆可分为无铠型、轻铠型、单铠型、双铠型和加重型等多种。也可以根据不同海域的不同防护要求设置防护层。

（2）海底中继器（见图1-3）

海底中继器是海底中继传输系统的重要设备。新型的中继器由掺铒光纤、WDM耦合器、泵浦光源、回环和OTDR通路、连接壳体和海底光缆的光耦合装置及供电设备等组成，具有监控和防护功能。海底中继器一般制成长圆筒形，通常是在生产厂将海底中继器与海底光缆连接在一起，施工时与光缆一起铺设。

图1-3　海底中继器示意图

（3）海底分支器（见图1-4）

随着现代海底光缆网络拓扑结构的应用推广，若干个海缆登陆局间的连接已必不可少。采用在海中安装分支器技术，使网络结构具有很高的自由度、灵活性和保密性。

分支器用在有多登陆点的海底光缆系统中，可完成光路和电路的连接；光路有三种连接类型：光纤插入/分出、信道插入/分出和光纤、信道插入/分出。后两种类型适合使用波分复用（WDM）技术的系统。

图1-4　海底分
支器示意图

1）光缆的连接：同中继器和光缆的连接一样，光缆和分支器的连接使用一种接头护套；负载转换通过活动耦合来完成。分支器可同轻便光缆或铠装光缆连接；分支器接头护套的强度应当比最牢固的光缆的强度还要强几倍。

2）WDM插入/分出：信号传输的插入/分出同中继器使用的一样，在每个波分复用分支器中使用的掺铒光纤放大器（EDFA）具有插入/分出信道控制的辅助功能和优良性能。光纤中的光栅、光环行器和掺铒光纤放大器能将某些特定波长的信号从原始路由转换到另外一条路由上去，即从一对或多对光纤中插入/分出一些通信量。

3）控制、管理和故障定位：岸上的海底线路终端设备（SLTE）和计算机管理系统通过给分支器发送或接收来自分支器的信号来控制和管理掺铒光纤放大器。故障定位也可通过光时域反射仪（OTDR）技术来完成。

4）单根光纤路由选择：对许多系统，单根固定光纤的路由选择通过终端站复用设备插入/分出一定通信量来完成，这也是一种可代替上面介绍的分支器（BU）插入/分出的方法。

5）功率倒换：当出现故障或防止潜在的线路阻塞，包括光缆中断时出现的浪涌，分支器可将工作通道倒换到保护通道。倒换的控制通过功率反馈设备（PFE）来完成。

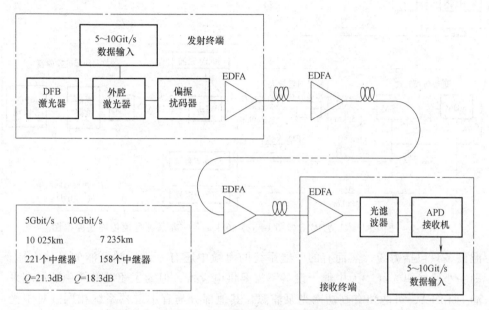

图 1-5　法国 Alcatel 光放大中继高速传输实验框图

图 1-5 表示法国 Alcatel 光放大中继高速传输实验框图。实验表明，使用 221 个中继器，5Gbit/s 的信号可传输 10 025km，Q 参数达到 11.6（21.3dB）；使用 158 个中继器，10Gbit/s 信号可传输 7 235km，对应的 Q 参数达到 8.2（18.3dB）。

1.1.2　海底光缆无中继传输系统

在岛屿间、大陆与岛屿间中短距离的海底光缆通信系统中，常采用无中继传输方式。无中继传输系统与有中继传输系统相比，在光放大技术和监测方式方面不同：首先，无中继传输系统没有中继器供电设备，其泵浦光源不在中继器内，而是安装在岸站，通过缆内光纤传至光放大器；其次，无中继传输系统对海底设备的监测是通过使用端到端传输性能测量方式，而有中继传输系统则是利用中继器中的回环耦合器对海底设备回环增益进行测量。目前，随着光放大技术的日益成熟，采用不同形式的掺铒光纤放大器，已能实现 400 余千米的无中继传输。图 1-6 法国 Alcatel WDM 8×2.5Gbit/s - 461km 无中继系统高速传输实验框图。

图 1-7 表示无中继器海底光缆系统框图。前面我们已经说过，无中继器系统

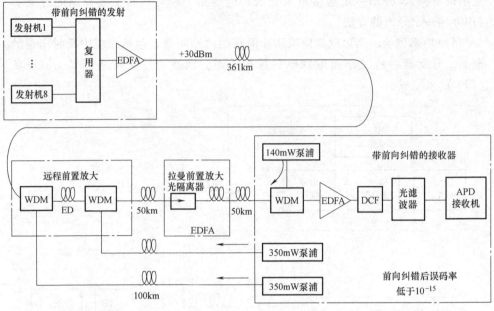

图 1-6　法国 Alcatel WDM 8×2.5 Gbit/s-461km 无中继系统高速传输实验框图

湿设备只包括海缆，然而有的中继系统的海缆中还有一段远端泵浦的光放大器，即一小段掺铒光纤。无中继干设备不需要供电设备，但为了驱动海缆中的远端泵浦的 EDFA，可能装有高功率光泵浦源，其他部分与有中继器系统相同。对于光纤的选择原则是，根据线路传输速率、长度、最小色散和最小损耗确定。

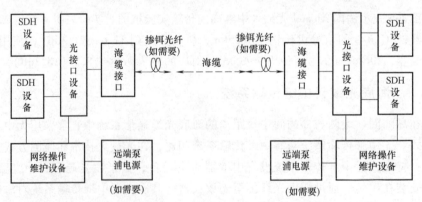

图 1-7　无中继器海底光缆系统框图

无中继器海缆系统与有中继器海缆系统相比的优点是：无海底信号再生设备，无需对中继器进行监控和供电；可采用更现代化的传输技术；缆内光纤芯数不受海底电子设备限制；系统升级简单。

无中继器海缆系统的基本结构与有中继器系统的类似，但是有以下两点例外：

1）海缆中包含的光纤数目较多，一般为 24 芯光纤，现在也有使用 48 芯光纤的；

2）海缆中钢丝和铜丝加强芯的数量和直径以及护套厚度都有所减少，因此海缆强度、导电性以及直径也随之降低或减小了。

1.2 海缆工程

1.2.1 海缆工程概念

海底通信光缆工程，简称海缆工程。海缆工程是指建设或维修一个海底光缆通信系统所进行的工作，以实现利用海底光缆作为媒介来传输信息的目的。

海缆工程是一个复杂的系统工程，具有以下特点：

1. 专业强

海底光缆线路工程专业性很强，是多个专业领域的综合，涉及通信、航海、海洋环境、水下工程、船舶机械、电子等多个领域。

2. 规模大

建设规模和资金规模大，特别是越洋跨洲的工程往往连接多个国家，工程中有多个建设方，这些工程的资金规模都在几十个亿美元，而且维修费用高。

3. 风险高

工程投资强度大，风险高，易受天气因素的影响：如台风、潮水、海流等。工程中流程多，过程复杂，环环相扣，往往某个细节问题，就会导致整个工程失败，造成巨大经济损失，有时会造成人员伤亡。出现故障，维修相当复杂，需要探测、打捞、接续。

4. 涉及广

工程建设涉及面广，内外协作配合的环节多，完成一项工程建设，需要进行多方面的工作，其中有些是前后衔接的，有些是左右配合的，有些是互相交叉的，是一个复杂的综合体，从海洋路由勘测、施工图设计、海中敷设施工、登陆段光缆的处理以及海光缆的制造及运输，环环相扣，只有做到每个细节不出问题，才能保证工程质量。

1.2.2 海缆工程的分类

海缆工程可以有不同的分类方法。

1）按工程的性质来分，海缆工程可分为新建海缆工程、扩建海缆工程、改建海缆工程和维修海缆工程。

2）按工程施工的区域来分，海缆工程分为机房设备安装工程（包括通信或供电部分）、陆地引接光缆线路工程、海底光缆线路工程等。

3）按工程的敷设方式，可分为表面敷设和埋设。敷设是埋设和表面敷设作业的总称，埋设是指将海底光缆埋于海床以下一定深度；表面敷设是将海底光缆直接放置于海床上。如果海缆工程中，既有海缆的埋设，又有海缆的敷设，则该海缆工程称为敷设海缆工程。

4）按工程建设的形式，分为自建海缆工程和合建海缆工程。

1.2.3 海缆工程内容

海缆工程包括的内容繁多，图 1-8 给出了一个海光缆工程从设计到施工比较完整的任务简图。海缆工程建设内容包括：路由初选、论证、办理立项与报建，路由勘测，施工图设计，海光缆、设备与器材购置，编制施工方案，工程施工与工程监理，编制竣工报告、竣工资料与监理报告，工程验收与交付使用。这些项目、阶段、分工都由相应的组织机构来承担与完成。

海缆工程的立项与报建是整个工程的建设和调查、勘测路由选择的依据。

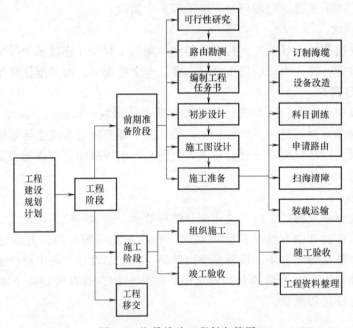

图 1-8 海缆线路工程任务简图

海缆路由勘察已经成为海缆工程系统中一个不可缺少的部分，其目的是选择一条安全可靠、经济合理、技术可行的海缆路由，为海缆系统设计、施工、维护提供技术依据。

施工图设计是海光缆施工的重要依据，对工程顺利施工，保障工作质量、工程进度、投资效益具有决定性的作用。施工图设计包括海缆路由的选择、海缆和接头盒的指标、工程预算和各种图样。

海光缆、设备与器材购置是选择适合本海区使用特点的不同防护结构的海缆，它是保证海缆实际使用寿命的关键。严谨、周全的施工方案才能够体现出施工图设计的功效。

工程施工与监理是对整个工程各个环节的具体实施以及对工程的进度、质量以及安全等进行监管。

编制竣工报告、竣工资料与监理报告是整理工程技术资料，形成完整的、规范的适用的竣工资料进行存档，作为今后维护海缆线路的资料依据。

工程验收与交付是对整个工程的进行评审，验收合格后交付建设单位。

1.2.4 海缆施工程序

海缆工程在海缆施工前应该完成海缆工程建设的报批工作，已经对预设海缆通信系统的海区进行了广泛深入地调查、勘查工作，并且完成了海缆的路由勘测以及海缆工程的施工图设计。

1. 海缆施工准备

在海缆施工前，必须做好相应的准备工作：

1）按海缆施工图设计要求订购新建海缆或维修段海缆。选择适合本海区使用特点的不同防护结构的海缆，是保证海缆实际使用寿命的关键。由于受终端站点位置的限制，路由底质、环境复杂、水深不同，就要求我们要根据不同环境情况，选择合适防护结构的不同规格的光缆，实现既节约又安全的目标。

2）编制海缆工程具体实施方案和意外情况处置预案。

3）对参加和配合施工的船只、人员进行周密组织和分工，做到任务、要求落实到人。

4）对船只、设备、仪表、工具进行维修保养和调试，并备足施工所需消耗器材。

5）在船只、人员分练的基础上，按施工计划和方案组织合练和预演，全面检验施工方案和船只、设备、人员准备情况。

6）根据气象、潮流情况初步确定施工时机。

7）根据需要向有关部门发出施工通告，根据需要请求予以配合和支援。

2. 海缆施工程序

海缆工程施工一般可划分为六个阶段：海底光缆装载运输、施工海域扫海清障、海底光缆铺设、海底光缆登陆、海底光缆线路保护、岸上建筑工程。按照工程阶段，海光缆施工分为岸滩施工和海上施工，按照工程性质，海上施工又分新建工程施工和维修工程施工。海缆施工程序如图1-9所示。

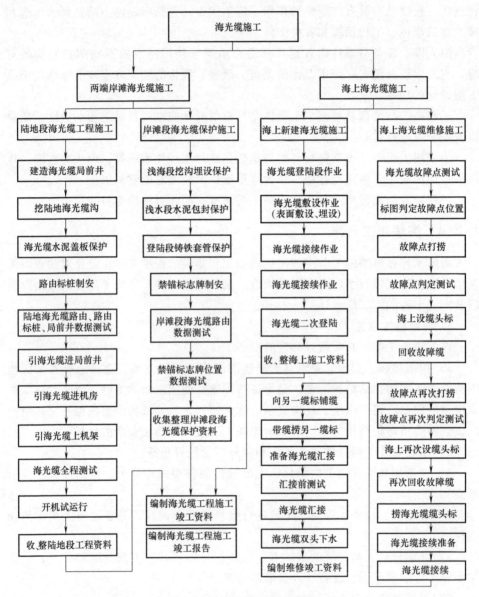

图1-9　海底光缆施工流程图

海上海缆敷（埋）设施工时应做到：

1）参加和配合施工的船只、人员集结，开赴施工附近港湾、锚地就近待命，就近组织施工前协同训练、全面完成施工前各项准备工作；

2）选择最佳时机驶至始端登陆点就位，进行登陆作业；

3）完成中段海缆埋设作业，到达末端登陆点就位后，改用布放方式将登陆段海缆临时布设到海中，并将该段海缆末端封头拴浮标抛于海中；

4）由布缆艇回收临时布于海中的末端登陆段海缆，并将其布放至岸边；

5）进行两端登陆段未埋设海缆的事后埋设工作。

成功完成海缆两端登陆工程后，经检验确认海缆段符合施工要求后，就可以立刻组织与提前建好的陆地光缆进行系统光路连接工作，以避免海上段敷设完成后，不能立刻与终端连通，无法实现对海缆系统的及时、全时监测管理。

1.2.5　海缆工程的要求

海缆工程是一个十分复杂的系统工程，要求工程技术人员具有扎实的理论基础、丰富的实践经验、良好的组织协调能力；工程建设中，要求各单位坚持"安全第一、预防为主"的方针，确保人员的人身安全和海缆的施工安全。

1. 海缆施工准备

在海缆工程施工准备过程中，必须设立相应的具有资质的专职或兼职安全管理人员，对建设工程安全生产承担责任；还应对所有相关人员进行安全教育，落实各工序安全防护措施；施工组织设计方案中应该有严格的安全技术措施和安全生产操作规程。如对施工作业过程中产生的噪声、粉尘、废物及照明等可能对人和环境造成危害和污染时，应具有环境保护措施；施工作业可能对毗邻设备、管线等造成损害时，应具有相应的防护措施等。

2. 海缆施工中

海缆工程施工过程中，当发现存在安全事故隐患时，应该按要求立即整改海缆建设。如果情况严重甚至发生危及人身安全的紧急情况时，应暂停施工或采取必要应急措施后撤离现场，并报建设单位。

海缆两端完成登陆工程后，经检验确认海缆段符合施工要求后，应及时进行海陆光缆连接，以避免海缆段敷设完成后，无法实现对海缆系统的及时、全时监测管理。达到海缆系统一建成就对其进行安全监护工作，没有漏洞。这是实现全寿命监护管理极易忽视的一段时间。

在海缆系统建设过程中，不能仅重视海上主体工程建设环节，而忽视、降低引接海缆的陆缆段建设标准。但是海缆通信系统的阻断率，陆缆特别是登陆段占的比重很大，因此也要重视陆缆引接段路由的选择、埋设深度、与其他设施的间距、特殊地段的防护，线路的标桩、警示牌的制作、设置等都要规范、到位。

在整个海缆施工阶段应注意以下几个方面的问题：

（1）努力争取海缆实际敷设路线与调查选定的路径相吻合

在设计偏差范围内，争取海缆实际铺设路由的准确，即与调查优选的路由相吻合，这是检验施工质量的关键作业。因为我们都具备精确的 GPS 定位手段，在没有 DP 船的情况下，就需要靠严格的训练，对船只细致的操控来实现。特别要在路由转向、避让减速、布放接头盒（中继器）等改变船速时以及风、流较大时控制好布设路由偏差。如果布设航迹偏移较大，不仅造成光缆的浪费或不够的后果，超出扫海区域，还会造成施工意外困难和光缆损伤，也给今后维护管理带来麻烦。

（2）海缆敷设张力（余量）控制要合理

要合理设计与控制海缆敷设张力（余量），以保证设计要求的实际埋设深度。如张力过大，会损失埋设深度。既造成海缆沉不到挖掘缆沟沟底，被拽起现象，虽然埋设显示较深，但实际没有埋到此深度。

（3）组织好施工期间的各项监测和记录工作

组织海缆工程各环节的施工工程中，要注意安排专业技术人员对陆地工程，海上路由调查，埋设试验，熟悉施工海域的特殊地理、水文、气象环境，海光缆检测性能，布设施工的路由、埋深、张力等要素做好记录，特别是一些隐蔽工程，要根据工程规范要求，进行记录或检验。

（4）海缆敷设施工中对海缆路由特殊点位要记录清楚

海缆施工期间不但要监测光性能，还要注意监视光缆外观的扭折、挤压、磨损、余量堆积情况，及时记录清楚。正常敷设施工用已有的 GPS 或 DGPS 的航线存储功能或配合打印记录等能基本满足海缆工程资料对工程要素采集、记录的要求，可以实现路由位置的实时显示或记录。但在特殊情况下，还应重点记录接头盒（中继器）等线路设备的准确布设位置，发现海缆外护层有折损、挤压刮痕或出现高损耗点、路由偏移、因故突然减速或短暂停车等可疑特殊点位都要在定位仪上、打印记录纸上或海图上作特殊记录，这是十分必要的。如果海缆布设后性能出现异常，可以作为产生原因的分析依据，便于以后对故障的处理。还可以为全面记录掌握海缆施工情况提供准确的记录数据。而这点却容易被忽视。

3. 海缆施工后

新建海底光缆通信系统工程，最后全程光系统接通，上光端机开通，主要工程工作就结束了。但作为通信主管部门和系统的使用、管理者还应抓紧做好以下工作：

1）重点地段的警示标志牌的设置：在海底光缆的登陆点附近等重点地段设置必要的警示装置，可以防止光缆受到损坏。目前我国常用的警示装置如下：

设置三角禁锚牌和宣传牌是一种最为常见的一种警示方法，前者用于海域部分的警示，后者用于海底光缆和陆缆交接段的警示。三角禁锚牌一般设计成叠标，即每组有前后两块组成，正面涂有或贴有反光材料，或安装有太阳能警示灯或霓虹灯。通常情况下，过往船只观察到该装置后，都会主动避让。这种装置的不足之处是在雾天等不良气象条件或离岸太远的海域，使船只难以观察发现；若海底光缆的路由转折太多，警示牌也将失去意义。其次，这些警示装置还应定时进行维护保养、更换电池等工作。

布置相应的观察站、观察维护哨，值班（快速）船艇部队，启动可能的维护管理机制。

2）特殊地段（特别是近岸段）的加固防护工作：海缆敷设工程结束了，但海缆系统建设工程并没有结束。往往就容易在海缆敷设工程后，在光缆登陆的近岸或滩头，造成人为或自然磨损故障，所以要求在海光缆登陆完成后，尽快地、认真地组织完成滩头和近岸的加固、埋设工作。对滩头、近岸及特殊地段的海缆进行埋设加固工作（如人工挖埋、人工冲埋、护管、护套加固等防护），将其埋设至终端站或终端房、杆，并安装终端保安设备。这是海缆工程建设和防护的重要环节，这可能也是海光缆施工方容易忽视的薄弱环节，应当引起高度重视。也可以在近岸采用适宜的埋设设备（如 HM-250 或 HM-350 设备），实施有计划的正规的埋设工程，以实现海缆全程埋设的目标。

3）向当地政府或有关水产、渔政、海边防、港监、国家海洋局等相关单位通报海（陆）缆位置及保护要求。递送函件或当面通报，还可以组织、参加相应的会议进行宣传指导。

4）向国家海洋局、航务安全监督局等报送、登记、备案，以便及时列入统一维护、管理范畴。海缆海上施工结束后，应根据国家海洋管理部门的要求，立即整理路由等相关资料，报送到相应的主管单位，如国家海洋局各分局的资源管理处，如牵涉地方航道、锚地、清废区等海域，最好应通报到当地港监值班部门，便于对其进行保护。

5）向相关部队内部有关管理部门（如海军的作战部门、航保部门、训练部门、相关的水运、舟桥、船艇部队等）通报海缆建成及位置情况，以便在组织舰船（投掷深弹等）演习和锚泊训练时对海底光缆给予避让或保护，并督促及时发布禁区通告。

6）及时、合理地划定禁渔禁锚区：海底光缆敷设完成后，要及时划定及公布海缆禁区，重要的是科学、合理地划定禁区宽度。对浅水、近岸、深水、开阔海域以及江河、狭窄水域宽度等禁止要求应不同；就海底光缆禁区划定要求，应加强与国家海洋管理部门的沟通与协调，应针对不同海区水域划定适宜的禁区宽度和提出不同的要求，便于海上光缆管理和维护作业，便于减少或避免与海上其他使用开发的矛盾，并有可靠的法规依据。

7）对重点线路、重点区域进行安全监护：如可利用线路附近的雷达、观测站、当地驻军下达布置长期或时时地观测监护任务，维护单位要结合海缆船艇进行定期或不定期的训练、巡检活动，以便掌握海区（海上作业、船只航行、锚泊及养殖、捕捞、挖砂、疏浚等）使用情况，发现问题及时反映并协调处理。

8）整理验收文件，组织及时验收：对遗留和返工要加强工程督促，抓紧收尾，并及时组织建设方与使用方或维护方进行交接。

施工方要及时搜集整理工程技术资料，形成完整的、规范的、适用的竣工资料，关于竣工资料规范，建议参考《建设工程文件归档规范》（GB/T 50328—2014）中的相关条文。准确地记录好施工单位、施工时间、施工方式、路由（含终端站、登陆点、转点、接头点等位置）、系统构成及长度、各段埋设深度、余量情况及相应的水文、地质、气象资料、系统光电性能数据、加固防护措施等，以便于存档和作为今后维护的依据，并为今后精确判测、查找故障奠定基础。

9）下达维护任务文件，明确海缆系统维护分工责任：同时及时下达维护任务文件，明确海缆系统维护分工责任，使维护任务落到实处，便于督促、检查，确保对新海缆系统适时列入维护管理体系。

第 2 章

海底光缆路由勘察

本章 2.1 节首先概述海洋环境对海缆工程的影响及路由勘察的重要意义，然后介绍中国海的地质特征、水文和气象条件，并介绍它们对海缆埋设施工的影响。2.2 节介绍路由勘察的程序和方法，包括勘察流程、勘察准备、预选并拟定登陆点和海上路由、勘察报告。

2.1　海洋环境

2.1.1　海洋环境与路由勘察

1. 海洋环境概述

海洋面积约占地球表面的 7/10 左右，但以目前的科技力量，只能利用探测器对洋底进行有限的探索，而无法直接靠近洋底去弄清各种复杂的情况，因此人类对有关海洋的知识还是比较贫乏的，还有待于进一步的深入了解。

随着人们对海洋资源和环境的日益重视以及自然科学的急速进步，海洋学得到了显著的发展。同时，正由于海洋学的发展，也给过去的海底电缆和现在的海底光缆的发展开辟了道路。

与海底光缆建设有关的问题，首先就是要了解海底的深度及其地形。据此才能预防海底光缆发生故障，才能确定埋设和修理海缆的方法，以及才有可能对海缆的机械强度进行设计。特别是在地震、火山爆发等多发地区，要尽可能地加以避让，从这一要求考虑选定海缆路由十分重要。

通常从靠近陆地至水深 200m 左右为止的海底，称为大陆架，其海底地质构造可以视作陆地的延伸。这部分的起伏比较缓和，平均倾斜在 1° 以内，有的地方出现陆上河谷沉降遗迹的谷。大多的堆积物是从陆上流到海中的小石、砾石、砂、粗砂、细砂、泥、软泥等，在老的工矿工业地带附近，还堆积着从那里来的排出物。

很早以来，大陆架就作为良好的渔场被开发。大陆架之所以被作为渔场，是因为日光直达海底附近，潮汐、海流、波浪等造成海水的垂直混合，又由于从陆上的河川等地送来丰富的营养盐类，使生物的活动旺盛，加上其食物的循环速度较快，因此大陆架的生物繁殖能力较强。目前，世界上较多的渔场和捕捞区，都是以大陆架为对象的。特别是以海底层的鱼为捕捞对象的拖网渔业，对海缆的影响最大。

从大陆架的外缘到深海底之间坡度稍陡的海底，称为大陆架斜面。在大陆架斜面有的地方存在被认为有产生混浊流迹象的海谷。倾斜面一般较陡，平均在4°内外。海底地质一般较多的是岩石，也有未凝固的海洋堆积物青色泥，其厚度较薄。

深海底范围最广，是海洋海底的主要部分，约占全部海底 4/5 的部分，深达 2 000~6 000m，其中一部分连接 6 000m 以上的海沟，构成地球表面最深的洼地。但是，深海底不是平坦单调的，如与陆上相比，海底地形没有峡谷而且粗糙，海脊（海底山脉）、海膨（海底坡度较缓的山脉）连绵不断，中间夹着海盆和舟状海盆，海台、海山（很多原来是火山）、平顶暗礁等孤立的高地和山峰到处耸立。这些地形的规模，远比陆上的山脉、高地、盆地、火山等大得多（见图 2-1），给深海海底光缆的敷设设置了较大的障碍。

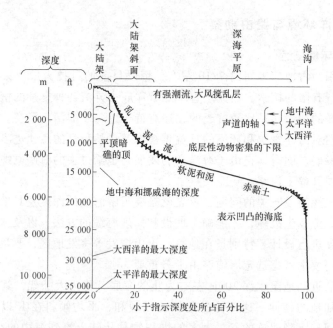

图 2-1　世界海洋深度的地形图

深海底的海底地质，像海脊、海膨、礁等山地，大都由岩石构成，而海盆等洼地，则由深海性堆积物如软泥、泥、赤黏土等堆积或者由混浊流带来的浅海性堆积物所构成的堆积层。

除了海底地形之外，对于长距离带再生中继器的海底光缆来说，海底的温度也是需要关心的。如果不掌握海底温度及其季节变化和经年变化的情况，那就不仅不能做好中继系统的设计，而且会使线路的稳定性受到很大的影响。

　　图 2-2 和图 2-3 是太平洋和大西洋水温的垂直分布图，从图中可清楚地看出，深海底的水温均在 2℃ 左右，这是由于从南、北极流入了寒冷高密度的海水的结果。在水深浅于 1 000m 的地方，由于所处纬度和海潮流的影响显著，即使水的深度相同，各个地点出现的水温是不同的。特别是在水深浅于 200m 的地方，更容易受到气温的影响。

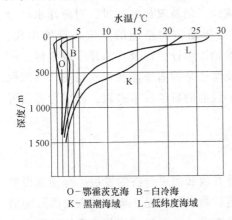

O—鄂霍茨克海　B—白冷海
K—黑潮海域　L—低纬度海域

图 2-2　太平洋水温的垂直分布

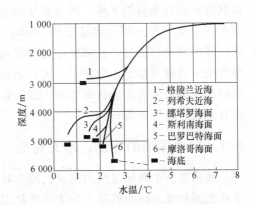

图 2-3　大西洋水温的垂直分布

2. 海缆路由勘察概述

　　海缆路由勘察已经成为海缆工程系统中一个不可缺少的部分。它对海缆的科学施工、提高海缆的工作质量以及充分发挥其经济、社会效益都有重要的意义。

　　海缆路由勘察、选择工作是否进行以及质量的好坏，对海缆工程的影响十分重大。不进行海缆路由勘察，盲目选择海缆路由或对海缆路由的勘察、选择采取马虎从事的做法都将对海缆工程造成重大的或无可挽回的损害。这方面的例子是很多的，例如在辽东半岛有些敷设在基岩海岸的海缆，在岸边强烈的波浪的作用下，因滚动而使外护层破坏，铜导体裸露被海水侵蚀，海缆受损十分严重；有些海缆被礁石磨损十分严重，在渤海海峡、琼州海峡的急流区，海缆受海流冲击而往返滚动；有些海缆敷设在底层鱼类捕捞作业区；有些海缆敷设在海水严重污染的地区，水中硫化物含量极高，达到 300mg/kg，使海缆外护层腐蚀损坏；有的海缆路由经过不良底质区、硬土层、砾石层使海缆难以埋设，而造成伤害，经济损失巨大。大量的资料分析结果表明，70% 的海缆伤害是因为海缆路由勘察不周所造成的。目前国外所有的海缆工程都开展路由勘察，为海缆的生产及施工提供详细的资料。我国也已制定了海缆的敷设及保护条例，要求在海缆敷设前必须进

行海缆路由勘察，并在得到有关管理部门认可后方可施工。因而可以说海缆路由勘察不只是必要的，而是必须进行的一项工作。

在 19 世纪人们受海洋知识及海洋调查设备及技术的限制，无法了解海底的状况，因而进行海缆路由勘察是一件难以想象的事情，因此人们在进行海缆工程时不进行或很少进行海缆路由的勘察。后来，随着经济的发展，科学技术的突飞猛进，进行海洋调查的仪器、设备不断更新，新仪器、新装备不断涌现，例如旁扫声呐、浅地层剖面仪的出现，为人们进行海底勘察装上了"眼睛"。人们借助于这些仪器能够探测海底沉积物的组成、结构、形态、沉船的位置等，对海底面的状况可以有全面的了解。各种型号的海流计、测波仪相继问世，对海洋水动力状况可全面掌握。加上微波定位、GPS 定位等新型的精确的定位系统的出现，使海洋中的勘察船只，在取样定位误差精确到以米计，以及在海洋中取水样、底质样的采样器规格也十分齐全，无论是在浅海还是深海都能获取表层及柱状沉积物样品。综上所述，进行海缆路由勘察对于目前的科学技术来说，已成为完全可行且比较容易的事情。

2.1.2　中国海的地质、水文特征

我国是一个海域辽阔的国家，随着对外开放和国民经济的发展，海缆建设事业在我国有着光辉的前景。为了改善我国落后的通信状况，增强国内及国际间的信息交流，将需要在我国海域内敷设更多的海缆。然而我国目前已敷设的海缆受到损害比较严重。究其原因，主要是因为在浅海海底表层敷设的海缆极易受到船锚及捕捞网具的伤害。因而迅速而全面进行海缆埋设是刻不容缓的事情。

海缆敷设，特别是近海埋设，与海洋地质、水文条件有着密切的关系。只有全面了解并掌握中国海的水文、地质特征，才能成功地进行海缆埋设，才能使埋设的海缆具有牢固、稳定、高效、经济的性能。

1. 中国海简况

我国不仅是大陆国家，而且也是一个海洋大国。海岸线约长达 18 000km，岛屿岸线长约 14 000km，海域面积达 4 851 700km²。渤海是我国北方的一个三面被陆地包围的内海，面积为 82 700km²。黄海是半封闭的浅海，北抵辽东半岛，南界为长江口北岸的启东嘴与朝鲜半岛的济州岛西南角连线，面积约417 000km²。东海东北与朝鲜海峡沟通，东至日本九州、琉球群岛及我国台湾省，南到台湾海峡南缘，面积约 752 000km²。南海位于我国南部，南至印尼的苏门答腊与加里曼丹岛之间的隆起地带，西以中南和马来半岛，东以我国台湾省南段经巴士海峡、菲律宾的吕宋、民都洛岛及巴拉望等岛为岸，面积达 3 600 000km²。

我国海域从深度及形态上可分为三部分，近岸有广阔的大陆架，深度在 0~200m 之间，地势平坦，宽度可达几百千米，水域浅显，水动力十分活跃。大陆

架以外的大陆坡，坡度一般达 4°~7°，深度多在 0~2 500m 之间。大陆坡以外分布有深度达 2 500~6 000m 的深海盆，盆地地势起伏不平，有山脉、也有盆地及海沟。大陆架是人类进行经济及军事活动的主要海域，浪、潮、流等水动力十分活跃，风暴潮、急流、地震、崩塌等灾害多发的海域，海缆在此区极易受到破坏。因而大陆架是海缆进行埋设的主要地区，大陆架的地质、水文及气象条件将是本节讨论的重点。

2. 中国海的地质特征

渤海和黄海水深小于 150m，海底由大陆架所组成。东海和南海由大陆架、大陆坡、深海盆所组成。中国海地质特征及其对海缆埋设的影响表现在以下三个方面。

（1）地震

中国海主要是由一系列东北向凹陷盆地所组成。在这一地质构造线上，出现一系列地震活动带。每个地震带都相应地伴随着海底大断裂。从西向东可划分出六个主要的地震活动带，它们依次是中国台湾东部—琉球—菲律宾群岛强震带，中国台湾西部海域地震带，福建沿海地震带，南黄海地震带，怀来—威海地震带，郯芦地震带，如图 2-4 所示。

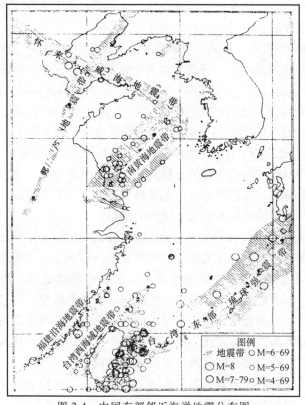

图 2-4　中国东部邻近海洋地震分布图

这些地震带中在近期有强烈地震活动的主要集中在两个海区：一个是东海的中国台湾东部—琉球强震带，此带地震活动频度高，震级高，7~8级地震多，还常有火山喷发，在20世纪内强度在7级以上的地震就有四十几次。另一个是在渤海，怀来—威海地震带和郯芦地震带，这两个较强烈的地震带使渤海经常发生6级以上地震，1855年以后在渤海出现了地震高潮期，如1888年、1969年渤海发生7.9级、7.4级地震等。此外，在钱塘江口、长江口、鸭绿江口也有小范围的地震活动区。

海底发生地震将出现崩塌、滑坡及含有大量泥沙的浊流。崩塌、滑坡将使局部的海缆破坏，而浊流沿着海底斜坡移动，可使海缆遭受大范围的冲断。如1929年美国纽芬兰沿海格兰德滩发生地震时，海底敷设海缆多处被冲断，造成严重破坏。崩塌、滑坡和浊流将使大量的海底沉积物产生运移，特别是表层沉积物的移动最为明显，因而在海底敷设的海缆受害最为严重，而埋设海缆相对受害较轻。所以在地震活动区，特别是在渤海、黄海以及东海、南海的沿岸地震区应以埋设为好，海缆埋设如能避开这些海区，当然就更好。

（2）地貌

东海与南海的海底地貌形态比渤海和黄海复杂，常有不利于海缆埋设的地形出现，对这些地貌形态应引起注意。

入海河流在河口及近岸海域一般都有水下三角洲形成。由于大的河口地区，往往都是经济比较发达的地区，因而海缆经常在此通过。水下三角洲属于快速沉积区，每年有大量泥沙在此淤积。例如黄河水下三角洲，不断向海延伸而河口部分不断因泥沙淤积出露成陆地，平均造陆速度达23km/年。因此在本区进行海缆埋设时，必须考虑黄河巨量泥沙沉积对其产生的影响，因为海缆埋设的深度一般在1.5~3m，如果深度过大，将给海缆的维修，特别是给寻找损坏的海缆位置带来困难。

在河口及沿海经济发达的海区，船只多，失事沉没的船只也较多。另外，随着海水养殖业的发展，在这些地区人工鱼礁分布多，扇贝养殖多，而且渔网密度也较大，这些对海缆的埋设都造成了较大的困难。

在中国海浅水区的水动力条件活跃和砂质沉积物堆积迅速的海底，常有成群、成片的砂垄、砂坡或形态更细小的砂纹分布。砂垄宽一般为30~40m、高6~8m，砂坡的坡峰与坡谷的高差达数十厘米。这些海底地貌对海缆埋设不利，波状起伏的地形给布缆船作业增加难度。在此地区海缆易悬空，而且不易埋设。

在基岩海岸，有时能见到由岩石组成的海底平台，在海南岛由花岗岩组成的海底平台，雷州半岛以东有玄武岩海底平台分布。在这些岩石裸露的海底，海缆是无法埋设的，应尽量避免在此海区进行海缆埋设作业。

海底古河道在一些大河口入海的海域分布较广泛，它们有的是现代河流的水下延伸部分，有的是古代河流的产物，在长江和珠江古河道呈长条状的地形出露，一般比海底低 3~5m，宽数百米或上千米，有许多则已被泥沙填充，成为埋藏的古河道。在古河道内埋设海缆，一方面是地形坡度较大不利于埋设，另一方面是古河道内比较细的、含水量高的稀泥不易使海缆位置固定，而且海缆极易被渔船的锚钩起，在这一地区曾发生埋深 1.8m 的海缆被锚钩起的事故，影响海缆的使用寿命。在福建、广东沿岸海域可见红树林在潮滩分布，涨潮时被水淹没，落潮时出露。繁茂的红树林使人和船只难以通过，因而海缆埋设工作难以进行。在海南岛西沙群岛、南沙群岛沿岸海域珊瑚礁发育较好，船只难以通过。南海的珊瑚礁和广东广西的红树林现都是国家级和省级自然保护区，在选择路由时一般要避开，确实无法避开，一般采用敷设方式，不进行清障扫海作业，减少对保护区的损伤。

（3）底质

海底底质的类型十分复杂，它们受沉积物的来源、水动力条件、生物作用、海平面的升降和气候变化的影响。从海底底质图可见我国海底底质分布的特点，如图 2-5 所示。

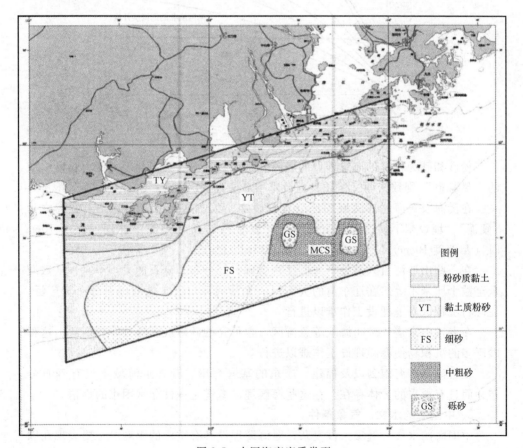

图 2-5　中国海底底质类型

渤海、黄海、东海以砂和粉砂沉积为主，泥含量较低。南海以泥沉积为主，砂及粉砂含量较低。粉砂的粒径为 0.01~0.1mm，砂分为细砂、中砂、粗砂。它们的粒径分别为 0.1~0.25mm、0.25~0.5mm、0.5~1.0mm。除了大面积的砂、粉砂及泥沉积以外，还有砾石、贝壳、珊瑚、岩礁等底质类型。不同的底质所具有的硬度不同，因而船锚和渔具对它们的穿透能力也不同。日本学者通过试验给出了底质、锚、埋设机与穿透深度之间的关系图，如图 2-6 所示。

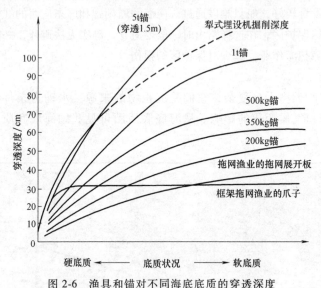

图 2-6　渔具和锚对不同海底底质的穿透深度

粉砂和砂为较好的海缆埋设的底质。然而在渤海、黄海局部海区由粉砂组成的"铁板砂"则致密而又坚硬，埋设犁不易通过。

在渤海及黄海北部海域局部分布着硬实、致密的泥质沉积物，人们称之为"硬泥"，埋设犁不易通过。由此可见"铁板砂"及"硬泥"在埋设深度 70cm 时（犁宽度 10cm），犁的最大阻力均在 15t 以上。

在一些山地河流入海处，海底经常有砾石层分布。砾石的大小不一，从数厘米至数十厘米不等。在辽东湾的大石河、大沙河河口区，这些砾石分布较广泛，在砾石沉积区海缆埋设工作难以进行。

在老铁山水道、琼州海峡等急流区，含贝壳的砂砾沉积物分布较广泛，这种砂砾多的沉积物使海缆埋设工作难以进行。

在台湾岛、海南岛以及福建、广东的基岩海岸，其邻近海域不仅有砾石分布，而且有裸露的岩体存在，在这些海区埋设海缆是一件非常困难的事情。

3. 中国海的水文、气象条件

中国海的水文、气象条件复杂，对海缆埋设具有重要的影响。主要表现在以下三个方面：

（1）波浪

风浪的浪向主要取决于风向。我国是一个典型的季风气候国家，因而冬季盛行偏北向浪，夏季盛行偏南向浪，春、秋季为浪向交替变化时期。此外，还因地理位置及地形的影响，使得局部地区的浪向具有特殊的分布。与本区风向关系不密切，或从邻近海区传来的浪被称为涌浪。涌浪多出现于冬夏两季，北方少、南方多。

我国沿岸年平均浪高是北小、南大。渤海沿岸为 0.3~0.6m，渤海海峡、山东半岛南部、苏北、长江口和浙江沿岸大致为 0.6~1.2m。粤东和粤西沿岸为 1.0m 左右，海南岛和北部湾北部沿岸，大致为 0.6~0.8m，西沙地区为 1.4m 左右。

月平均浪高，特别是平均浪高在 1m 以上的海域，对于海缆埋设而言，关系更为密切。冬季渤海海峡大浪较多，平均浪高达 1.7m，台山和西沙平均浪高在 1.5m 以上，浙江沿岸、福建平潭和广东沿海、平均浪高为 1.0~1.2m 左右。春季，渤海海峡、嵊山、台山和西沙地区，平均浪高等于或稍大于 1.0m。夏季，西沙地区平均浪高达 1.4m，浙江沿岸、福建崇武和广西涠洲岛海区平均浪高在 1.0m 左右。

1.0~2.0m 的波高，属于中浪范围，是由 4~5 级风所形成。在这种海况下进行海缆作业，敷设船船身不稳定，这将影响海缆埋设的质量，因而在海缆埋设作业时，海区的浪高应在 1.0m 以下。

寒潮或台风引起的大浪天气，不能进行海缆作业。

（2）潮汐

我国海区潮汐类型可分为正规半日潮、正规日潮和混合潮。渤海沿岸海域以不正规半日潮为主。黄海及东海以正规半日潮为主。台湾岛以不正规半日潮为主。南海沿岸潮汐类型复杂、多变。广东沿海为不正规半日潮。海南岛以不正规全日潮为主。海南岛以不正规全日潮为主。广西沿岸以正规全日潮为主。

反映相邻的高潮和低潮的水位高度差的平均值是东海较大，勃、黄海次之，南海较小。渤海沿岸以辽东湾顶端的平均潮差最大，营口为 2.7m。黄海沿岸以辽东半岛东部的赵氏沟最大，达 3.9m。苏北沿岸的平均潮差在 2.5~3.0m 之间。东海以杭州的澉浦、尖山等站平均潮差最大，在 5.0m 以上。台湾沿岸潮差较小，西岸较大，最大的后龙一代为 3.3m。南海除湛江和北部湾顶的平均潮差大于 2m 外，其余均在 1.0m 左右。我国沿海最大可能潮差的地理分布与平均潮差一致。

在进行沿岸浅水区海缆埋设作业时，潮汐类型、潮差平均值以及最大可能潮差都是必须考虑的条件。考虑上述因素才能保证埋设船在工作时必要的水深，否则非但不能掌握高水位的有利工作时机，还有可能因落潮而造成埋设船的搁浅和埋设犁的损坏。

我国沿岸受寒潮和台风的袭击，加上大陆架广阔，容易形成风暴潮，因为我国沿岸是风暴潮的多发区。风暴潮发生以后，不仅潮位猛涨，而且在岸边形成巨浪，冲毁堤坝、水闸、护墙等建筑物，并使埋设的海缆出露，甚至冲断。因而在风暴潮多发区，海缆埋设的深度应适当加大，或者有加固措施。

潮流在河口及海峡地区流速比较大，例如钱塘江河口涨潮流速最大可达 16~20kn[⊖]。渤海海峡及琼州海峡的涨潮流速可达 3~5kn。强劲的潮流不仅使埋设船很难沿路行驶，而且放出的海缆被潮流冲出很远，不易在路由线上埋设，影响了埋设的质量。

（3）海流

我国海域的海流体系主要由黑潮暖流、对马暖流、黄海暖流、台湾暖流及长江冲淡水和沿岸流所组成。

黑潮体系从巴士海峡进入南海，在冬季表层最大流速可高达 2.8kn。沿着我国台湾东岸北上的黑潮，自苏澳——与那国岛之间进入东海，流向东北。西侧达 2.9kn，东侧达 1.6kn。对马暖流的起点在 29°N 以北，流向偏北，流速约 10cm/s。对马暖流中有一股流在济州岛以西，流向黄海，称为黄海暖流。它的起始点在 32°N，126°~127°E 附近。此点流速为 20cm/s。台湾暖流从 27°N 起，沿台湾海峡向东北方向流动，流速达 30~40cm/s。在 30°~32°N 处，流速减为 20cm/s 左右，在长江口外与长江冲淡水相遇。

海流是影响埋设船作业的重要因素，黑潮及台湾暖流流速较大，对海缆埋设的影响也较大。强劲的海流干扰埋设船沿路由航行，使埋设船很难在路由线上进行作业。

2.2　海底光缆路由勘察及选择

海底光缆路由的勘察及选择、海底光缆系统的生产、海底光缆的敷设是海缆工程的三个重要环节。它们既有各自体系相互间不能替代的倾向，又有相互衔接、相得益彰的内涵。三者之间已构成海缆工程成败的有机的组合体。海底光缆路由勘察及选择在海缆工程学中的独特作用已越来越引起人们的重视。它作为海洋工程学的一个分支，已逐步完善并成熟起来。

2.2.1　勘察流程和准备

1. 勘察流程

为了避免海底光缆在海流、波浪冲击下的磨损，浊流的破坏，生物及化学物

　　⊖　kn 是"节"的文字符号，是速度单位，一般只用于航行。1kn（节）= 1n mile/h（海里/时）= 1.852km/h（千米/时）。全书同。

质的腐蚀以及人为作用造成的损伤，近海海底光缆的埋设势在必行，埋设范围不断扩大。目前世界上把海底光缆埋设的水深已扩大至 600m，还有提出 1 000m 的，因为在 0~1 000m 水深范围内，表层敷设的海底光缆经常被拖网船或船锚切断。关于埋设海底光缆路由的勘察，欧美及日本都有自己的流程，我国在吸收他们经验的基础上，也有了具有自己特色的勘察流程。

我国的勘察流程是在近 20 年的海底光缆路由勘察过程中，根据我国的国情并吸取了欧美及日本的长处逐步发展而成的。如图 2-7 所示，该勘察流程突出了我国目前沿海经济发展、人类活动频繁、登陆点附近水域环境复杂的特点，把勘察的第一阶段工作放在登陆点调查及选择上；在确定适宜的登陆点之后，再进行全面的海上路由调查；在通过路由勘察的基础上，为工程设计单位和生产厂家提供海底光缆系统的设计依据。该流程具有全面、连续、系统、细致的特点。

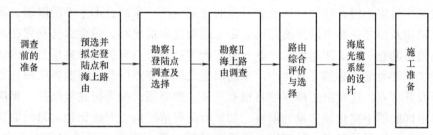

图 2-7　海底光缆路由勘察流程

2. 勘察准备

做好海底光缆路由勘察前的准备工作，可使勘察达到事半功倍的效果，因而显得非常的重要。勘察前的准备工作的内容十分丰富，主要有以下几项：

（1）资料的收集、分析及整理

在勘察前的准备工作中，熟悉和了解路由区的有关资料，是一件必须进行的工作，不仅要收集文字资料，而且要认真听取海缆工程专家以及有关学科专家的意见，收集他们掌握的有关资料和图样。资料应包括地质、地貌、水文、气象、生物、化学等内容。并应注意搜集水深图、地貌图、底质图、钻孔揭示的地层剖面图、水温分布图，渔场、矿产、潮汐、海流、波浪图等各种图样。

对人类在路由区的活动情况，如渔捞、锚泊、养殖、商船往来、沉船与障碍物、潜艇活动以及已有海底光缆管道布设的情况等资料也应全面搜集，以上这些都是人类对海底光缆影响的范围及规模的重要尺度。

（2）走访有关部门，了解海底光缆路由区未来动态

只注意了解前人在路由区的工作成果是不够的，因为它仅反映海底光缆敷设前的状况。而海底光缆系统不是使用三年五载的短期系统，它的使用寿命一般可达 20 年左右，也有延续更长时间的。它是一个使用周期较长的工程系统。在海

底光缆投入使用的周期中，很可能自然条件及人类活动状况发生变化。特别是人们的经济活动的规模和开发深度的扩大，可能危及海底光缆的安全。发生这些变化是意想不到的，但有一些已列入某些部门和机构的计划之中。对于一些已列入计划的建设项目，必须及早了解，以免在海底光缆建成后实施的工程项目危及海底光缆安全。在经济发达的沿海地区，对该问题应引起特别的重视。因为在那些地区经常有新的建设项目。如港口、油田的兴建，海水养殖范围的扩大等，都可能影响海底光缆的安全。

（3）了解海底光缆的结构及其特点

海底光缆的生产一般应在海底光缆路由勘查工作结束以后，根据被选定的海底光缆路由区的自然环境、人类活动的特点及使用单位要求来组织生产。如对海底光缆提出铠装、防腐蚀等特殊要求，为的是海底光缆结构与自然环境、人类活动状况相适应。但有时因受到经费或海底光缆生产厂家的技术水平的限制，海底光缆结构及型号在路由勘察前即已确定。遇到这种情况时，只能因势利导在海底光缆路由勘查工作中注意增加一些与海底光缆结构特点有关的勘察项目。因此在勘查工作开始前，必须了解生产厂家的海底光缆的特点以及已经购置的海底光缆型号及其特点，这对决定勘察项目很有意义。如海底光缆无防腐带结构，则应加强路由区底层中硫化物含量的勘察，如果有防腐带结构，对硫化物含量的取样及测定工作可以降低要求。如海底光缆没有铠装，那么对底质的勘察应更为详尽，以防礁石、砾石、贝壳对海底光缆的伤害。

（4）勘察船只、仪器等的选择

海底光缆路由勘察是一项复杂的综合性工程，需使用车辆、船舶及多种勘察仪器。勘察仪器及其质量的好坏，是能否获得全面及高质量勘察成果的保证。因而在勘察前必须根据海区环境选择符合项目勘察要求的车辆、船舶及各种勘察仪器，并对其进行检查和测定，以保证勘察的顺利进行和提高勘察质量。

3. 预选并拟定登陆点和海上路由

在对海底光缆敷设及埋设地区的有关资料进行了充分的收集、整理和分析之后，在有利于海底光缆登陆地区选出 1～2 处，并拟定 2～3 条路由，因为登陆点在海陆接触处，水浅或无海水覆盖，便于进行勘察和观测，所以预选登陆点有 1～2 处即可。如果这两处均不合适，可再设点勘察。由于海上路由距离长，情况复杂，因而需拟定 2～3 条路由线，才能从中选出较为理想的路由。预选的登陆点和拟定的海上路由，应绘制在海图上，根据海图上的信息和收集到的资料进行分析、比较。按条件的优劣确定出登陆点和拟定海上路由进行勘察的先后次序，并按次序进行勘察。如果已选出理想的登陆点和路由，那么其他待查的登陆点和路由可不必进行，这样可节约勘察经费。

2.2.2 登陆点的勘察及选择

登陆点指的是海、陆缆相连接的地点。其位置一般设在大潮高潮线附近，即处在大潮高潮时海水淹没不到的地方。

登陆点处在海陆交接点附近，一方面观察它的情况比较容易。另一方面是海底光缆的端点，是海底光缆路由勘察的两个关键性部位。因而在海底光缆路由勘察开始时，首先要对登陆点进行勘察，发现条件不合适，应及时变换登陆点。如果待路由勘察结束后，再变换登陆点位置，那么将对经费、时间及精力造成极大的浪费。

理想的登陆点的位置，必须在拟定的登陆点的周围地区进行调查，水下应达5m 等深线附近，陆上应达邻近的通信站。只有经过这一范围的勘察，才能选出适宜的登陆点并有利于今后的维修。

位于海陆连接处的登陆点，经历着水圈、大气圈、岩石圈、生物圈的共同作用，自然环境异常复杂，人类活动十分频繁。为了海底光缆正常、安全地工作，登陆点应有一个稳定的环境。可是登陆点处在潮间带附近，波浪、海流、潮汐的作用较强，海啸、风暴潮经常在此肆虐，锚泊、渔捞活动频繁，洪水、雷电对其都可能产生损害，因而它是海底光缆极易遭受损害的危险地段。登陆点的安全、可靠与否对海缆工程将产生严重的影响。

登陆点的选择需考虑的条件很多，主要有以下三个方面：

1. 登陆点附近自然环境

1）敷设区段长度较短的地点，终端局至登陆局间距离也较短；

2）没有礁石裸露，泥沙覆盖层的厚度在 1.5m 以上，地势平缓，无明显的凸起和凹陷的地点；

3）全年受风浪影响较小，潮流和海流较弱的地区；

4）有适宜登陆作业的沙滩；

5）底质构造稳定无火山，不易发生地震、海啸、洪水灾害的地区，泥沙的冲淤活动较稳定；

6）海水和底质中硫化物含量低的地点，河流携带的有机质较少的地点；

7）没有红树林、珊瑚礁发育的地段；

8）不是多雷电区。

2. 人为活动

1）附近无船舶抛锚点；

2）渔业捕捞活动（网具、捕捞方法）不影响海底光缆建设和维护；

3）不是扇贝、海带紫菜及对虾、鱼类养殖区，并在今后也不是发展捕捞业的地点；

4）登陆点附近没有其他的海底光缆、水管、油气管道等设施，没有铁路、公路或堤坝横越海底光缆的地点。

3．现场施工条件

1）登陆点附近交通方便，陆路或海路可直接到达并能够设立补给基地的地点；

2）有较开阔的作业区，便于机械施工。

另外，在工程付诸实施当中，必须得到有关的土地所有者、管理者或其他各种权利所有者的承诺，并且能够保证工程建设及将来工程维护的顺利进行。

2.2.3　海上路由勘察

1．底质勘察

海底光缆埋设在海底，被海底的沉积物所掩埋，因而沉积物的特性对海底光缆来说是至关重要的，必须对其特性进行全面的调查。对沉积在海底的物质进行粒级及类型划分，并确定沉积物的厚度、分布范围等。地质勘查一般是在应用浅地层剖面仪进行连续海底底质探测的基础上选点取样进行实际勘察和验证。

浅地层剖面仪能够连续探测记录勘察船所经航路海床下底质资料。该仪器以拖航或舷挂的方式工作，工作中连续向海底发送具有一定能量能穿透海床一定深度的声波信号，仪器的接收部分可按上述信号反射回来的强弱和时间自动连续记录出勘察船行驶航路下方不同深度的声波反射信号情况。根据上述记录就可分析判断海底不同深度地层底质组成情况，还可探测出海底礁石的情况和海底面至基岩的距离。

为海底光缆埋设进行的浅地层剖面仪勘察一般穿透海床的深度数米已经足够，因此一般都采用功率不大的声波换能器，以拖航方式工作的浅地层剖面仪的基本构成如图2-8所示。

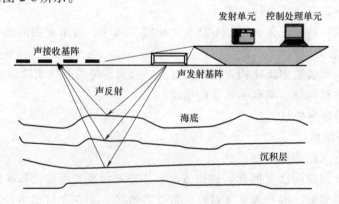

图 2-8　浅地层剖面仪系统

底质选点取样勘察包括表层取样和柱状取样两部分，主要是为了通过实际勘察弄清海底土质，选点验证浅地层剖面仪的探测结果。

表层样品采集使用挖泥斗，其开口面积有 $0.25m^2$、$0.1m^2$ 等，深度可达 20cm 左右，柱状样品采集使用重力活塞取样器就能满足海底光缆埋设深度的需要。为了较好地保存柱状样品，可采用硬塑料管作采样管的衬管。取得柱状样品后，在船上将衬管切开，就可以进行照相、描述和抗剪强度测试，然后用塑料布将样品密封保存。

对采集到的表层样品及柱状样品进行粒度分析，即大于 0.063mm 粒级的沉积物用分析法，小于 0.063mm 的沉积物用吸管法分析。沉积物的命名可按表 2-1 进行。柱状样品描述及分析方法以表 2-2 为例予以说明。

表 2-1　土的粒组划分标准表　　　　　　　　　　（单位：mm）

规范种类粒径	砾		砂　粒				粉　砂		黏　粒	
	中	细	粗	中	细	极细	粗	细	粗	细
海洋调查规范		4～2	2～0.5	0.5～0.25	0.25～0.063		0.063～0.016	0.016～0.004	0.004～0.001	<0.001
水利电力部土工试验规程	20～5	5～2	2～0.5	0.5～0.25	0.25～0.1	0.1～0.05	0.05～0.01	0.01～0.005	0.005～0.001	<0.001

表 2-2　某测站岩性及粒度参数

层深/cm	名称	岩性描述	粒度成分			
			G	S	T	Y
0～10	砂黏土质粉砂	深灰色砂黏土质粉砂，含大量贝壳及碎屑，具有少量细砾，半流，弱黏	0.8	25.1	42.9	31.2
10～25	砂	灰褐色粗砂，含大量贝壳及碎屑，半流，弱黏		70.4	15.9	13.8
25～34	砾石砂	灰色砂石砂，砾石大者 3cm×2cm×0.5cm，小者 1cm×0.5cm×0.2cm，棱角、次棱角状，含少量贝壳碎屑，分选差	25.1	45.3	14.6	16.9
34～145	黏土质粉砂	灰褐色黏土质粉砂，致密，强黏	0.9	7.2	51.8	40.3

2. 硫化物含量的勘察

在水深不足 200m 的海域，由于有机物质在海水中的分解以及海洋生物（含微生物、细菌）死亡之后的腐烂、分解，使海水中出现了以硫化氢（H_2S）为主的硫化物。

由于海底光缆的外护层一般都用聚乙烯构成，硫化物气体能透过聚乙烯，因而产生了硫化物气体对海底光缆的侵蚀问题。硫化氢长年累月的腐蚀能使聚乙烯的绝缘性能因老化而削弱，钢丝铠装也因此会受到锈蚀、破坏。因而在进行海底光缆路由勘察时，应取海底水及沉积物进行硫化物含量的分析，选择硫化物含量低的海底光缆路由。

对海底硫化物含量的测定方法，首先是采集位于海底附近的海水以及海底表层沉积物和柱状沉积物样品。取样后应立即注明样品的站位，最好是在采集样品后，直接在调查船的实验室内立即进行硫化物含量的测定。这样获得的数据较可靠，因为样品放置时间长，硫化氢挥发，使获得的硫化物含量数据偏低。如果调查船上没有进行硫化物分析的仪器设备，那么可把采集的样品，密封保存，以免硫化物挥发。待调查船靠岸后，立即将样品送实验室分析。

目前硫化物测定的常用方法为"离子选择电极法"。由于暂时还没有一个公认的对海底光缆产生腐蚀的硫化物的极限值，所以根据经验判断，当硫化物含量大于 100mg/kg 时，海底光缆将产生腐蚀现象。这时就应采用叠层防腐带的海底光缆。这是一种耐硫化物的海底光缆，即把外护套再次加工，在外护套中间加上铝带，以防止硫化物对海底光缆的腐蚀。0.2mm 厚的铝带层，就能防止海底硫化氢的侵入。

3. 地形地貌的勘察

勘察船以一定的对地速度在勘查路由上行进，应用测深仪可测得沿路的水深。根据测深调查的结果，绘制成全航线的测深图。测量时对重要地区或地形复杂的地区要进行加密测量，如海中山脉、陆坡以及近海岩石裸露的地区。

通过海底光缆路由水深测量，可获得路由上最大水深、浅海范围以及海底地形，这是海底光缆路由系统设计所必需的资料。水深变化反映的海底起伏是计算海底光缆敷设时所需余量的依据，因而它是计算海底光缆长度的基础资料。通过测量可得到海底地形剖面图并选出水深变化小、地形平缓的最佳路由。

水深测量的仪器种类很多。一般都为音响测深器，在此基础上出现了精度较P.D.R 精密测深器和测量范围大并以立体形式反映地形的 M.D.R 分射束测深器。

在海底光缆路由调查中仅掌握海底地形是不够的，海底的地貌形态勘察将为海底光缆路由的选择提供更广阔的视野、更精确的资料、更科学的依据。因为地貌提供的不仅是海底的形态，更为重要的是它将揭示地形的变化规律。所用的仪器有旁扫声呐和 SG 声呐（带有浅地层剖面功能的旁扫声呐），如图 2-9 所示。

旁扫声呐能根据声波反射提供有关海底物质和物体的资料。该系统有一个水下装置（称为拖鱼），用控制电缆拖在船尾。脉冲信号是沿着拖鱼两侧向海底发射的，由海底地面及其他物体产生的发射回来的信号由传感器接收，再经拖缆传回主机，经信号处理后显示。因而旁扫声呐能较准确地将测区内的表面岩石、沉船、暗礁确定下来。使用旁扫声呐时应注意以下事项。

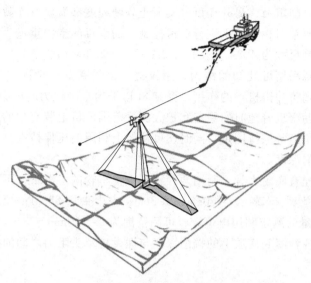

图 2-9　旁扫声呐系统

　　该系统安装要牢固，一般应在 5 级风浪以下作业，应尽量降低船只的噪声，避免水体流动、电子仪器、大功率电动机一起工作的干扰。作业时船速一般不超过 5kn，然而可根据仪器本身性能要求，决定适宜的船速，应保证拖鱼移动时的稳定性。拖缆所处水深应根据海底起伏或障碍物的位置，随时收放拖缆，作适当调整。

　　根据编制地形地貌图比例尺寸大小，决定测线密度。测线应与海底光缆路由平行，间距在图上应约为 1cm。点距根据扫描量程大小决定，点位之间的距离不得大于量程。定位准确度与量程大小有关，准确度一般不得超过量程的 10%。每条测线累计漏测不得超过测线长度的 3%，连续漏测不得超过 1km。

　　在工作中不得随意改变仪器声波发射量、放大倍数、记录档以及航速等参数，而当底质出现变化时，应及时调整参数。

4. 埋设机掘削深度勘察

　　当决定在浅海部分采用埋设施工时，那么应开展埋设路由段的埋设深度勘察。为此目的，采用的方法是用埋设机进行空拖或用海底勘察机（见图 2-10）。

　　这种勘察机装有与埋设机一样的犁，主要功能是测量连续地加到

图 2-10　海底勘察机

犁头上的水平掘削阻力，另外还可证实泥土软硬程度和海底有无障碍物。本装置用敷设船或拖船牵引，在船上进行监视控制。勘察机的空中重量为5.5t，在水中重量为3.4t，其尺寸为4.8m（长）×2.2m（宽）×2.0m（高）。

勘察机的犁采用可装卸的结构，用铰链、销子和安全销固定在犁升降装置上。安全销起到防冲击机构的作用，受到8t以上的水平抗力时就会折断。

为了确保勘察机着地时的稳定和扩大测量范围，机上装有犁的升降装置，它可以使犁的前角经常保持固定，同时还可从船上利用液压保持在0~70cm的范围内控制犁的掘削深度。

勘察机还配有底耐力计，利用两种不同重量车轮的下沉量，可以测定海底表面土质的软硬程度。车轮直径70cm，宽3cm，空中重量88.8kg（铁制）或20kg（铝制）。下沉量的测定利用电位计，可测范围为0~210mm。

勘察机在各种海底底质上的掘削深度与埋设机犁头阻力之间的关系如图2-11所示。

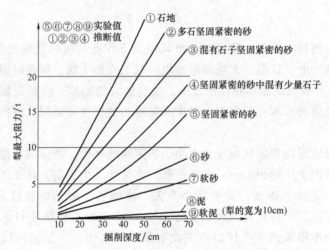

图 2-11　犁的掘削深度和土质对犁的阻力

5. 海底温度勘察

虽然海底温度对光缆的影响较小，但是对于长距离的带再生中继器的海底光缆来说，中继段的设计需要路由的最高水温资料，而海底温度的变化对于中继器系统也是有影响的，也是路由勘察中一个值得关注的勘察内容。

温度勘察是以测定它的年间平均值和与平均值的偏差为目的的。如果有统计值，要进行认真的分析、计算，因为测定工作就是要校核这个统计值。在浅海海域一年需测冬夏两次温度，深海也是如此，如果知道年间没有什么变化，一年测一次即可。

测量水温的仪器很多，主要有倒置式温度计、海水温度遥测仪、B.T（水温测量计）等。

在浅海部分的水温随着位置不同而有很大的温度差，但深海部分的水温是随水的深度而定，受位置的影响很小，在数百米深的海底温度几乎不变（4℃左右）。另外，对热带和亚热带地区水温的季节性变动很小，而温带和高纬度地方则水温的季节性变动较大。

6. 海潮流勘察

海水的流动有潮流和海流的区分。潮流是适应天体引力引起的潮汐产生的。海流是由季节风、海水密度不同和地球自转等因素产生的，各个海域具有差不多一定的流向和温度（暖流、寒流）。海潮流对船只的航行有重要的影响，因而在进行海底光缆路由勘察及海底光缆埋设时，工作船的航行及海底光缆承受的张力都要考虑海潮流的作用。同时在敷设作业时，放出的海底光缆尚未沉至海底就被海潮流带走，使海底光缆不能准确地敷设在路由上。另外，在底质较硬的海域，强劲的海潮流会使海底光缆发生机械振动或移动，造成海底光缆损伤。

在进行海潮流的测量时，需要进行表层和海底流速的测量。因为敷设海底光缆一般只要表层流速值即可，而埋设和维修则需要了解底层流。关于表层的海潮流，根据统计值即可以了解广阔海域的年间变动情况，且目前积累的资料也比较多。而对深海部分的流速还了解得很少。为了解敷设过程中海底光缆的运动状态，必须对深海中的海潮流进行实地测量。

测量海潮流的仪器很多，主要有自记式海流计、磁带记录式海流计及无线磁力海流计等。

2.2.4 路由选择及综合评价

在进行了预选登陆点和拟定的海上路由勘查之后，通过调查资料的分析、对比，对它们的长处和短处，优势及不足进行全面评价。在此基础上选择较为理想的敷设及埋设路由，使海缆工程具有可靠性和经济性。选择敷设及埋设的海底光缆路由应从以下几方面的条件着手：

1）底质是泥、沙、贝壳等的浅海部分可以进行埋设。沉积物中硫化物含量低。

2）路由区地形平坦，无急剧凸起和凹陷。

3）浪平、流缓、风暴潮极少发生的海域，水温变化幅度小、无海冰及冰堆积的海域。

4）应避开有下列特征的地形：

a）河道的入口处：在河川河口的延长线上，一般积有很多新的软堆积物。如果这个延长线是通到深谷的地形，当遇到集中降雨时，洪水可能会引起混浊流，因此要尽量避让。

b）海底为岩石地带：岩石遍布并起伏剧烈的地带，容易使敷设的海底光缆形成桥状，并发生机械性摩擦，这对海底光缆来说是个隐患。此外，岩石地质不利于浅海埋设海底光缆作业。

　　c）横越海谷：类似像陆上山谷地形一样的细长凹地海底，根据其形状不同，成为海底峡谷（或称海谷）。海谷一般存在与大陆架上比较浅的海域和大陆架上外缘比较深且陡峭的谷壁，其谷底倾斜至深海部分的海谷是由于地震和地表滑落等原因产生的混浊造成的。因此，要极力避开包含这些因素的海谷横越。如遇到路由非横越海谷不可，也要避开大陆架外缘部分，在比较缓和的凹部而且能够以短距离横越的地域选择路由。

　　d）火山及地震活动地带：对于海底火山和地震带，应该通过资料对活动情况有所了解，尽可能加以避让。

　　e）陡峭的斜面：一般出现在海山、环礁、海谷、海沟、断层等的侧壁。相对高度不一，最高有超过 1 000m 的。在这种陡峭的斜面上敷设海底光缆，会使海底光缆形成桥状，或使海底中继器悬空。因此通常倾斜度应以 15°～25°之间为限度。

　　f）陡崖下面：在陡崖的表面，一般存在有分层的堆积物，容易因地震等原因而发生崖崩和地表滑落等灾害，在这种地形下敷设海底光缆有被损坏的可能，因此必须避开。

　　5）海底光缆路由应避开各类锚地。船舶的抛、拖锚会对海底光缆产生严重的损坏，即使海底光缆埋设在海底 1m 以下的深度，也不可能完全摆脱抛、拖锚对海底光缆安全的影响。

　　6）海底光缆路由应避开捕捞作业区及特种作业区。从目前我国及国外海域海底光缆的损坏情况来看，大多数是由于渔船的捕捞作业所引起的，许多渔船在捕捞作业时使用在海底面拖或挖掘的渔具，这类渔具会对海底光缆产生严重损坏，因此必须避开捕捞作业区。

　　7）海底光缆路由应尽量不靠近其他海底光缆或海底管线。

　　在选择敷设及埋设路由时除指出有利条件以外，还应指出路由存在的不足，因为每一条路由都不会完美无缺，不利条件在所难免，所以在进行路由评价时指出不利条件，并说明其利害关系是十分重要的。否则将留下很多隐患，给海底光缆造成严重的损害。路由评价的一条重要原则是有利条件要讲清楚，不利条件更要讲明白。

　　自然条件、人为活动、投资多少、社会需要都是选择敷设及埋设路由的条件，相互制约是它们的显著特征。然而以上条件又具有可转化的特点，恶劣的自然条件可通过海底光缆的敷设及埋设技术来得到解决。人为的活动可通过法律、法规进行管理及干预。资金及社会需要也可有所变化，但是这些变化是有限度的。彼此之间不能完全替代，只有通过自然条件、人为活动、投资多少、社会需要等方面的权衡，最后才能确定敷设及埋设路由，忽视某一方面，过多的突出某一方面都会给海底光缆路由的选择造成过失及遗憾。

敷设及埋设路由选择正确与否，乃是决定海底光缆系统故障率的最主要的因素，也是实现可靠性及经济性的先决条件。这是人们从实践中得到的结论，因而对敷设及埋设路由的选择要十分慎重。

2.2.5 路由勘察报告

路由勘察报告一般包括如下内容：

1. 概述

1）调查依据、时间；

2）勘察内容与工作量统计；

3）勘察设备（含船只）；

4）勘察单位人员。

2. 自然环境特征

1）区域地质概况；

2）地形、地貌特征；

3）风况；

4）波浪；

5）潮汐、潮流；

6）海流；

7）水温；

8）海冰；

9）测量成果结论意见。

3. 预设登陆点及路由

4. 水深测量

5. 海底面状况测量

1）地形、地貌；

2）障碍物分布情况；

3）附着生物的影响；

4）测量成果结论意见。

6. 埋设层状况

1）底质类型；

2）力学特性；

3）硫化物含量及其腐蚀性；

4）测量成果结论意见。

7. 海洋开发活动

1）渔捞及锚泊；

2）海水养殖；

3）航道、锚地、军事禁区、排污及倾废区；

4）已建海缆、管道、石油平台、人工岛工程；

5）各级政府及企业在路由区的开发利用规划；

6）测量成果结论意见。

8. 综合评价及路由的选择

1）对路由的自然环境特征进行分析、评价；

2）对海洋开发活动状况进行分析及评价；

3）对可能产生的环境污染进行分析及评价；

4）以可能性及经济性为基础，确定推荐路由；

5）推荐路由综述。

9. 图样及资料

1）勘察站位图（航迹图）；

2）海底光缆路由图；

3）水深平面图；

4）水深剖面图；

5）底质类型平面图；

6）路由底质柱状取样图；

7）海底障碍物分布图；

8）海底地形地貌图。

第 3 章

海底光缆通信系统与线路工程设计

本章 3.1 节首先介绍海底光缆通信系统的主要设计指标，然后分别介绍有中继海底光缆通信系统和无中继海底光缆通信系统的设计方法。3.2 节介绍海底光缆线路工程的设计，包括重点工程的三阶段设计和一般工程的一阶段设计，并重点讲解施工图设计。

3.1　海底光缆通信系统设计

3.1.1　海底光缆通信系统设计和用户要求

影响系统设计的主要因素是用户要求、目前可用的技术、供应厂商现在可提供的产品以及政府规定。用户的基本要求是传输容量、重量、费用、可靠性、性能、操作和维护。工业标准在统一和规范各行业进行的海底光缆工程建设活动，使海底光缆工程符合国家相关政策、技术先进、安全可靠、经济合理、节能环保等方面起着重要作用。

然而，海底光缆系统用户通常要求比标准规范更好的性能。服务供应商必须考虑现有技术和未来技术的兼容性。政府规定也影响系统设计，包括系统制造、安装和操作的安全和环境标准。

在海底光缆系统中，使用新技术的主要目的是降低每话路成本。系统的每话路成本由系统容量、器件费用，以及系统安装操作和维护费用等组成。新一代海底光缆系统的每次出现，其容量都有大幅度的增加，而给定长度的系统成本却维持不变，因此每话路费用在过去几年里下降很快。

1. 传输性能

国际电信联盟（ITU）已对传输性能的标准作了规定，它们是 G. 821 和 G. 826。海底光缆系统最常用的接口是 PDH 的 140Mbit/s 电接口和 SDH 的 155Mbit/s 光（或电）接口，这些标准适用于任何传输介质的本地的和国际的数字线路。G. 826 是 1993 年制定的标准，该标准比 G. 821 规定的性能更高。它反映了误码率量度上的改变。

误块秒比（ESR）：当某一秒含有一个或多个误块时就称误块秒或误码秒。在规定测量间隔内出现的 ES 数与总的可用时间之比称为误块秒比。

严重误块秒比（SESR）：当某一秒内包含有不少于 30% 的误块或者至少出现一个严重扰动期（SDP）时称该秒为严重误块秒。在确定测量时间内出现的 SES 数与总的可用时间之比称为严重误块秒比。

背景误块比（BBER）：BBE 是背景误块。所谓 BBE 是指扣除 SES 以后剩下的误块。在确定测量时间内，BBE 数与扣除不可用时间和 SES 期间所有块数后的总块数之比称为背景误块比。所谓"块"是指一系列与通道有关的连续比特，当与块有关的任意比特发生错误时就称该块为差错块（EB）。G.826 的规定是以"块"为基础的，其目的主要是为了适用于不停业务的监视。

为了说明海底光缆系统性能的不断提高，让我们比较 TAT-8 和 TAT-12/13 网络的等效比特误码率（BER）指标。TAT-8 是第一条横跨大西洋的海底光缆系统，它已于 1989 年开始运营，而 TAT-12/13 是第一条使用第三代海底光缆技术的横跨大西洋的系统，已于 1995 年 9 月开始运营。TAT-8 等效平均 BER 是 $6.8 \times 10^{-12}/km$，而 TAT-12/13 是 $6.4 \times 10^{-14}/km$，几乎降低了 100 倍。

2. 系统有效性

有效性是传输系统能够载运用户信息的时间百分率。中断时间，即不可用时间，定义为传输质量下降足以引起严重误码秒（SES）（大于 10^{-6} 误码率）至少 10s 的间隔。对于海底光缆系统，系统中断时间不包括维修船修理系统故障的时间。

工业界要求甚至比上述指标更高。比如 TAT-8 数字线路部分规定的中断时间是 116min/每年，或者 99.8% 的可用性，TPC-5 是 45min/每年，对于长距离海底光缆系统最近提出的要求是最多允许中断时间每年小于 5min。

3. 业务接口标准

海底光缆系统要与经过国家的通信设备连接，但直到最近，许多本地网络仍然是采用准同步数字系列（PDH）。为了克服这个问题，欧洲邮政电信委员会（CEPT, Conference of European Post and Telecommunications）已制定了 CEPT-4 互连网络标准。

自 SDH 出现后，本地网络和海底光缆系统的接口标准是 STM-1（155.52Mbit/s）。SDH 的灵活性也允许光缆系统有效地传输传统的电信业务和使用新的 ATM 分组交换数据业务。

4. 运行和维护标准

前一代海缆系统主要是点对点系统，现代 SDH 海缆系统变得更网络化，结构更复杂。为了实现多厂家产品兼容，要执行 ITU-T G.784 标准。SDH 管理子网（SMS）和中介设备（MD），网关（GNE）和中介设备，中介设备和操作系统

（OS）都要通过外部 Q 接口连接。该网络允许从世界上的任何地方进行监视和控制。Q 接口使用开放系统互连（OSI）存储栈和 G.773、G.774 标准。

5. 质量管理

ISO 9001 是设计/研制、生产、安装以及运行的质量保证模型，它是质量保证系统的国际标准。已在海底光缆系统工业界广泛采用，就设计问题而言，ISO 9001 定义了如何管理和控制设计过程以及如何确保在系统中用户要求被确认和满足。

6. 环境和安全标准

用户要求也包括在系统寿命期内，在设备制造、安装、维护和运行期间内，对来自光的、机械的、化学的以及电子的对人体危害的保护。对于有中继海底光缆系统，因为要求对中继器提供电源会产生高电压（对于最长距离系统要求 7500V 电压），所以特别强调用电安全标准。所有高压设备都安装有安全装置以防止人为接触高压发生意外。通常海缆的修理是在断电的情况下进行的。但分支系统除外，不过已开发成功一种特制的工具和技术，在主干线仍然供电，仍能传输电信业务的情况下，修理分支单元。

对于常规的光纤传输系统，由于使用较低的光功率不会引起激光危害。但由于光放大器的出现和光功率电平的提高，激光安全问题也提到了议事日程上。现在设计的海底光缆系统满足国际电气技术委员会（IEC，International Electrotechnical Commission）的 825-1 和 825-2 的安全标准。

7. 系统可靠性要求

海底光缆系统水下部分不但修理费用相当高，而且维修周期时间长。因此，海底光缆系统的购买者和运营者要求海底光缆及其设备具有极高的可靠性。传统上，一个 27 年寿命的跨洋系统，非外部因素引起的需用维修船协助修理的故障（即由器件失效引起的故障）不应多于三次。外部因素包括海底光缆来自拖网船、挖泥船、抛锚以及海水冲蚀的危害。

终端设备的失效可引起通信中断、严重误码秒（SES）以及要求维修和替换失效器件。然而，陆上设备采用备份制和保护切换结构，可以限制业务中断到能接收的水平。

8. 外界损坏和电压过冲保护

在供电系统中海缆的断开可引起大于 200A 的电流过冲，因此为了保护这种过冲对器件的损坏，一种专门的电路装入中继器供电路径中。同样，供电设备（PFE，Power Feed Equipment）也不应被这种海缆断开引入的过冲而损坏，它必须能够保护自己，并把海底设备与电火花和电压过冲引起的瞬变冲击隔离。

9. 抗毁能力

由于系统中使用了多路径措施，并把位于同一海洋中的多个系统互连起来，以及使用了保护切换技术，因而可以在传输路径发生故障时，保证对高优先权用户的服务。在许多情况下，保护切换可以在不影响高优先权业务传送的情况下进行。

10. 系统结构灵活性

系统容量已从一根光纤传输 140Mbit/s 的信号增加到 5Gbit/s 甚至 10Gbit/s，使用多根光纤光缆、波分复用技术和光时分复用技术还可以进一步扩大传输容量。水下分支单元允许系统具有多个登陆点，增加了路由选择功能，使构成多种多样的系统结构成为可能，从而满足电信业务日益增长和出现故障时尽快恢复的需要。电信业务的膨胀和技术的进步使用户具有多种选择，因此对海底光缆系统提出适应性强和升级容易的要求。

3.1.2 有中继海底光缆通信系统设计方法

对海底光缆系统的要求是实现高性能和高可靠性的传输，这就必须进行严密的设计和合理的选择可用的最新技术。这部分将探讨使用光放大中继传输速率为 5Gbit/s 的海底光缆系统设计技术。

1. 海底中继器

海底设备的主要部件是中继器。通常中继器是一个防水漏、防压力的密封盒。材料为青铜。所有的光电元器件均装在里边。AT&T 利用 Alcatel 的中继器盒内均装有供双向传输的四个放大器的中继器，图 3-1 表示呈圆柱状的中继盒。每一个形似长方体的中继器占据中继盒四个侧面中的一个。中继盒具有隔离内部 7500V 供电电压的能力，而不受漏电和有害的电器放电的影响。图 3-2 表示海底中继盒中用于双向传输的一对放大器的原理图。它由掺铒光纤、波分复用器和光隔离器、线路监视系统用的反馈环耦合器组件，以及提供并控制泵浦激光器的泵

图 3-1　海底中继器

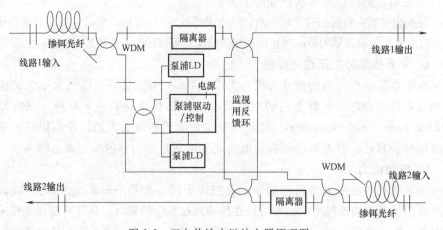

图 3-2　双向传输中继放大器原理图

浦单元组成。下面分别加以介绍。

（1）中继器传输光路器件

在放大器中，输入的 1 558nm 波长的光信号，被掺铒光纤（EDF）放大后，通过波分复用器（WDM）和光隔离器。1 480nm 泵浦光通过 WDM 反向泵浦使掺铒光纤 EDF 的粒子数反转，提供光增益。隔离器（隔离度>30dB）防止 EDF 放大后的光信号反射回去引起的振荡，并提高了系统的稳定性。最后信号通过反馈环耦合器组件（LCM，Loopback Coupler Module），大部分光向下一个中继器传送，一小部分光被分出用于监视和控制，所以 LCM 为大损耗反馈环（HLLB，High-Loss Loop-Back）路径。由此可见，在中继器内光传输路径上只有四个器件，即 EDF、WDM、光隔离器和光耦合器，且都是无源的。

（2）中继器泵浦单元

泵浦单元为两个传输方向上的放大器对提供泵浦功率。图 3-2 以正表示的泵浦单元中，一个泵浦控制驱动电路同时泵浦和控制两个泵浦激光器。该电路从供电设备提供的高压恒流线路上分出电功率，提供泵浦激光器的偏流，并对伴随海缆断裂产生的电涌电流进行保护。

泵浦激光器采用 InGaAsP 衬底台面掩埋异质结器件，具有自动温度控制电路。使用一个 2×23dB 耦合器，将两个泵浦激光器的光功率分别按 1：1 逐行分配，然后把从泵浦激光器 1 和 2 等分出的光合并，分别再经 WDM 去泵浦各自路径上的掺铒光纤。这种结构只使用两个泵浦激光器就为二根掺铒光纤提供了泵浦源的无源备份。

（3）反馈环耦合器组件

反馈环耦合器组件（LCM）是线路监视系统（LMS，Line Monitoring System）的重要组成部分，它提供海底光缆系统光学性能连续监视的功能，并可快速地分辨和定位系统故障点。LCM 在输入和输出传输线路上提供光信号反馈路径（见图 3-3）。

反馈环从放大器对的一个放大器输出中，耦合出一小部分能量到另一个放大器的输出（见图 3-2）。该部分能量经海底中继线路传输到陆上，被陆上线路监视设备中的高灵敏度光电接收器件探测并处理后，人们可以监视系统的运行情况，并可定位线路上的故障点。由于 LCM 的对称性，可对两个传输方向的海缆和中继器进行监视。LCM 提供的反馈光信号也可供光时域反射计使用，提供另一种确定系统运行状况和定位故障的工具。

图 3-3 表示在中继海底光缆系统中线路监视系统的组成框图。

2. 分支单元

为了满足在海底分配电信业务到多个登陆点，当今的海底光缆系统拓扑结构比简单的点对点系统更复杂。分支单元（BU，Branching Units）正好能够满足这

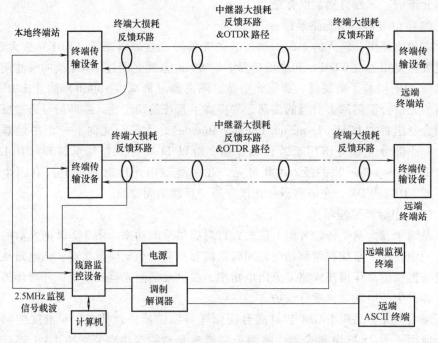

图 3-3 中继海底光缆系统中线路监视子系统的组成框图

种需要，因为它能连接三条海缆，每一条包含若干对光纤。

在光放大系统中，分支单元完成三个基本的功能，如下：

1）具有在三根光缆之间完成光纤连接的能力；

2）具有在三根光缆之间控制供电电源和信息流的能力；

3）机械强度具有能够适应敷设和回收三根连接的光缆的能力。

在实际应用中有三种分支单元：无源分支单元、电源切换分支单元以及有源分支单元。

（1）无源分支单元

如无源分支单元的名称所暗指的那样，无源 BU 里无电子器件。它是具有三个端口的密封容器，提供连接光纤和连接系统供电导体的能力。无源分支单元主要是在无中继系统中使用。

（2）电源切换分支单元

电源切换分支单元在岸上提供对三根光缆间的供电电源的管理控制。电源切换允许在一根光缆发生故障时，对供电路由进行控制，确保分支系统中的三条光缆中的两条维持供电。在分支应用中，有四种工作状态：全部正常、一个分支发生故障、两个分支发生故障以及干线发生故障。电源切换单元可以构成这四种状态中的任一种，但不能够实现光信息的路由重选。

（3）有源分支单元

有源分支单元有时也称光纤切换分支单元，它提供通过分支时电源供电电流和光信息流的控制。光纤切换单元具有与电源切换单元间相同的四种工作状态，并且这些状态的每一种都与光纤路径有关。

（4）分支单元技术

分支单元技术在过去的海底光缆系统中已得到了验证和考验。青铜密封盘已成功地经受了高电压、高水压及机械应力对它的作用。光继电器和高压电磁继电器在以前的海底光缆系统中已得到使用。

3. 终端传输设备

岸上设备包括终端传输设备、线路监视设备和供电设备。其中基本的终端传输设备是 SDH 复用/解复用设备、线路终端设备、指令线路设备、交换和桥接设备及监控电路等。

（1）SDH 复用/解复用设备

TAT-12/13 和 TPC-5 使用具有线路交换环形保护功能的分插复用设备。除 SDH 复用外，SL2000 的终端传输设备将两路 2.5Gbit/s 的 STM-16 信号进行比特穿插复用构成 5Gbit/s 信号。

（2）线路终端设备

LTU 是一个适配器，它连接标准的陆上复用/解复用器设备到海底光缆。在陆上一侧，LTU 提供到陆上复用设备的 SDH 标准接口；在海底光缆一侧，它提供与长距离海底光缆传输专门要求兼容的接口。

1）5Gbit/s LTU 结构：LTU 由两个基本的相互独立的功能单元组成，一个是 LTU 光发射机，另一个是 LTU 光接收机。LTU 发射机复合两个光 SDH STM-16 数据流，产生一个适合海底光缆传输的 5Gbit/s 光数据流，与此相反，LTU 接收机探测经海底光缆传送来的 5Gbit/s 光数据流，然后把它分解成两路 STM-16 光数据流，如图 3-4 所示。

2）5Gbit/s LTU 光发射机：在海底光缆系统最前端，5Gbit/s LTU 光发射机提供 2 路 STM-16 光接口到终端传输设备的复用设备上。这些光数据流 SDH 接收机探测并将其转变成电数据流。使用前向纠错技术（FEC）对电数据流编码，弹性存储，提供稳定的相位一致的 2.5Gbit/s 数据到复用器。复用器比特穿插这两路 2.5Gbit/s 数据流，产生一路 5Gbit/s 电数据流。该 5Gbit/s 电数据流驱动一个光发射机，使电数据流再次转变成光信号。这个光信号然后通过一个偏振控制器加到 EDFA 放大器。该光放大器输出提供海底光缆要求的功率电平，如图 3-4 所示。5Gbit/s 的 LTU 光发射机具有以下的特点：

① 可选择前向纠错技术，传输速率单一，但系统功率余量可增加 5dB 以上；

② 光脉冲上升/下降时间约为 50ps；

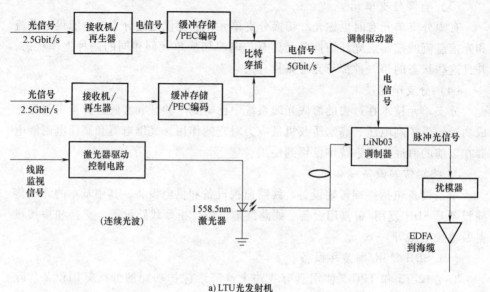

a) LTU光发射机

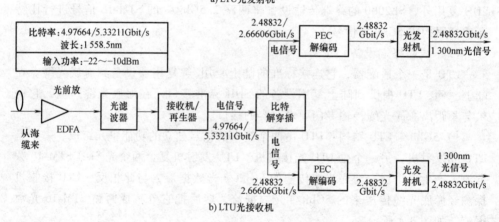

b) LTU光接收机

图 3-4　线路终端设备

③ 具有发射机光波长年漂移小于 12WT 的超稳定光源；

④ 具有数据同步、异步及扰码功能，由用户选择；

⑤ STM-16 具有与终端传输设备（TTE）兼容的光接口。

3）5Gbit/s LTU 接收机：5Gbit/s LTU 接收机与海底光缆连接，LTU 的输出提供两路 STM-16 光输出到终端传输设备的解复用设备。从海底光缆来的光信号通过前置放大器放大、滤波后被接收机探测，并把 5Gbit/s 的光信号流变换和解比特穿插为两路 2.5Gbit/s 电数据流，然后在具有前向纠错设备中解码，被 SDH 发射机又转换成 STM-16 光数据流，如图 3-4b 所示。5Gbit/s LTU 接收机的特点如下：

① 由于使用光自动增益控制，所以允许输入动态范围大；

② 具有前向纠错功能；

③ 具有与终端传输设备兼容的光接口。

（3）指令线路设备

指令线路信道是系统施工、敷设和维护时，在不同网站和操作控制中心之间，用于遥测和通话的语音和数据信道。这些线路也具有其他一些功能，例如进行系统调整、控制以及系统设备运行情况报告等。指令线路信道既可以由 SDH 帧结构中的段开销携带，也可以由前向纠错帧结构中的段开销携带。因为有 SDH 复用/解复用单元，所以海底光缆信令线路单元是标准的、现成的设备。

（4）1+1 设备保护和切换

设备备份使系统可靠性得到很大提高，这是海底光缆系统的重要特性。通常采用的是 1+1 设备保护，也就是说海底光缆系统采用一套备份终端构成双路径结构，信号同时通过两条路径，当正常工作路径发生故障时，自动切换到热备份路径上，这种结构具有 100% 的恢复功能。一些系统结构要求站与站之间具有多条光缆路径以便保证系统的可靠性，使用 SDH 分插复用设备的环形结构就是其中的一种。

（5）监控电路

监控电路判定每条信号路径的工作是否正常，在发生故障时判定故障位置并控制保护切换。它采用全双工方式，即任何时间在备用路径和工作路径上的监控系统均处于工作状态。此外，监控电路发出指令信号到适当的路径，并分发故障指示到站告警系统。

4. 线路监控设备

（1）单信道光中继传输系统在线监控

线路监控设备（Line Monitoring Equipment，LME）用于海底光缆和湿设备的监控和维护。具体来说，LME 完成对正在服务中的海缆和中继器的日常维护，并报告湿设备已发生的变化。此外，LME 还提供中断服务故障定位能力。LME 是线路监控系统（LMS）的一部分，LMS 在中继器串中使用无源反馈环器件完成监控作用。

在正常无故障情况下，系统中继 EDFA 放大器工作在增益压缩状态。选择每个放大器的工作点使它的增益正好补偿前段光纤的损耗。若要每个放大器输入端的信号电平保持恒定，此时系统就处于稳定状态。假如由于 A 级放大器泵浦激光器失效或熔接点损耗增加等原因引起放大器输入端的信号电平下降，那么由于增益压缩特性该级放大器的增益将自动增加。

假如 A_4 级放大器增益的增加不足以完全补偿增益的降低，那么 A_4 级后面的 B 级放大器的输入功率电平仍低于系统发生变化前的值，B_5 级放大器的增益也将自动增加。这种增益的增加要继续多级放大器，一直到某级放大器的输入信号电平与最初的稳定状态完全相等为止。与此类似，假如一级放大器的输入信号功率电平比稳定状态的高，则这级放大器的增益将被压缩，这个过程也可能延续几级直到恢复到稳态为止。

系统测量指出，这种放大器级联的海底光缆系统在正常情况下，指定放大器的输入信号功率电平比正常值可增加或减小约 6dB 左右，对系统性能没有显著的影响。在这种情况下，信号电平经 2~3 级放大器的增益自动调整回到稳定状态，端对端传输性能不会受到大的影响。

如上所述，线路终端系统使用中继器反馈环耦合器组件，对海底中继器的每一级增益进行测量，一直监视其变化。通过增益变化情况很容易确定系统发生故障时性能变化的具体位置。环路增益测量由线路监视设备（LME）承担，首先用伪随机比特流调制 2MHz 的方波信号；然后将该信号送到终端传输设备（TTE）去调制激光器的输出光强，发射一个线路监视信号。因此，该 LD 同时被 5Gbit/s 信号和 2MHz 的监控信号强度调制。该线路监视信号通过每个中继器的反馈环路又返回到线路终端设备。显然，该信号的电平较低且有一个固定的返回延迟。利用数字信号处理技术使每个返回信号与已延迟的发射出去的伪随机信号比较，可测量出每个反馈环所在中继器的增益随时间变化的曲线（所有的中继器可被同时测量）。对于这种在运行中的监视，使用的调制指数是 2%~10%。对于非运行测量，使用 100%的调制指数，可允许对较短的间距进行测量，从而提高测量的精度。

（2）多信道光中继传输系统在线监控

用于放大多个波长复用信号的 EDFA 与用于放大单个波长信号的 EDFA 的工作条件不同。在单信道系统中，为了充分利用 EDFA 的增益自调整能力，EDFA 通常工作在深度饱和状态，但是在多信道系统中，由于基态吸收，饱和引起了与波长紧密相关的损耗，于是使 1 540~1 560nm 内各信道功率进行了重新分配，波长较长的信号得到较多的功率，而波长较短的信号得到较少的功率，但各信道功率之和仍维持不变。因此，在 WDM 应用时，EDFA 工作在深度饱和状态，对于增益自调整能力不再有用。通常使 EDFA 工作在粒子数接近完全反转的最小饱和状态。但实验表明，EDFA 工作在适当的饱和状态，增益压缩值为 6dB，粒子数反转系数 $n2/(n1+n2)=0.74$，各信道功率基本上没有发生再分配，同时在足够长的系统中还可以抑制 1 531nm 自发辐射噪声。

对于 EDFA 全光中继波分复用系统，通常使用一个单独的波长进行在线监控，其原理如图 3-5 所示，除信息信号是多路波分复用外其工作原理和单信道的相同。

5. 供电设备

中继海底光缆系统的供电问题是海底光缆系统的一项特殊的技术，在数千千

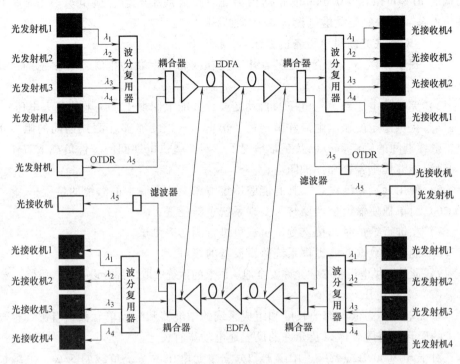

图 3-5　多信道光中继传输系统在线监控

米甚至数万千米的线路上往往需要数百个海底中继器。这些中继器均是有源设备，因此必须给它提供电源，但供电设备不可能放在海底，而只能通过两个陆地端站供电。这里有两个问题要解决：一是远距离供电回路问题；二是电源分配问题。为了解决好这个问题，在海底光缆中必须设置铜线，将大地作为供电回路的一部分，采用串联供电方式。由于回路中的电阻很大，因此只能采用小电流、高电压供电，且采用两端站同时供电方式，以便在每端所供的电压不致太高，如图 3-6 所示。

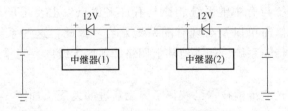

图 3-6　长距离中继海底光缆系统供电示意图

为了给海底中继器供电，供电设备（PFE）转变 48V 电池电压为 7 500V，0.98A 的恒定电流。PFE 的基本目的是提供系统所要求电压的恒定电流。在海缆

两端的 PFE 可以在 9 000km 的距离内为几百个海底中继器提供电流。PFE 采用备份设备。对海底光缆供电设备的要求如下：

（1）对海底光缆供电设备的要求

1）提供漂移小、电流恒定的输出，使在线路上串联的中继器共享总的系统电压；

2）完成从电流到恒定电压的自动变换，并能限制加于系统上的最大电压；

3）提供稳定的输出电流和恒定的输出电压，以便能够在测试期间的阻性负载、敷缆期间的感性负载以及正常情况下，对海缆供电期间的容性负载下工作；

4）能够提供告警和保护断电；

5）使用远端探测设备，具有能够确定海床上或海底中的海缆的位置；

6）简单地使输出极性反转可实现系统重新配置；

7）在进行维护时，接入测试负载可进行满功率测试；

8）能记录数据并能提供系统监视设备的接口；

9）此外，供电设备必须允许安全地从供电的系统中取出部分设备进行维修。

（2）系统电压

系统电压的高低与海缆长度和组成系统的中继器和分支单元数量有关，也与电压的压降和海缆导体以及允许的反向地电动势有关。

对于 SL2000 海缆系统，中继器和分支单元电压占系统负载的 53%，电缆损耗占 40%。

（3）供电设备结构

对于要求供电电压小于 7 500V 的系统，可用单端设备提供整个系统的供电，另一端设备可作为供电备份设备。

3.1.3 无中继海底光缆通信系统设计方法

1. 无中继海底光缆通信系统

成熟的光放大技术已为开发中长距离、大容量全光传输系统铺平了道路。无中继海底光缆系统与有中继系统相比具有许多优点，主要是可靠性高、升级容易、成本低、维修简单以及与现有的系统兼容。因此，这些系统已得到很大发展，正在与其他传输系统，如本地陆上网络、地区无线网、卫星线路以及海底中继线路相竞争。

无中继海底光缆传输技术已获得了突飞猛进的发展，如图 3-7 所示。在沿海国家的海岸线上和岛屿之间敷设的无中继本地海底光缆是有中继世界海底光缆网络的一部分。

随着世界跨洋海底光缆正迅速扩展成全球海底光缆网络，对短距离无中继系统的需求将逐渐增加。本节主要讨论海底光缆无中继技术、系统构成及其发展趋向。

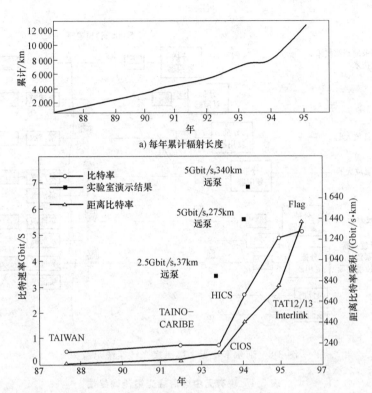

a) 每年累计辐射长度

b) 比特率及其与距离的成绩逐年发展情况,光纤芯数已从12芯增加到24芯和48芯;传输速率已从140、560、622Mbit/s发展到2.5Gbit/s和5Gbit/s

图 3-7　世界上无中继传输系统的发展情况

在岛屿间、大陆与岛屿间中短距离的海底光缆通信系统中，常采用无中继传输方式。无中继传输系统与有中继传输系统相比，在光放大技术和监测方式方面不同。首先，无中继传输系统没有中继器供电设备，其泵浦光源不在中继器内，而是安装在岸站，通过缆内光纤传至光放大器；其次，无中继传输系统对海底设备的监测是通过使用端到端传输性能测量方式，而有中继传输系统则是利用中继器中的回环耦合器对海底设备回环增益进行测量。目前，随着光放大技术的日益成熟，采用不同形式的掺铒光纤放大器，已能实现 400 余千米的无中继传输。图3-8 是阿尔卡特无中继海底光缆系统示意图。现有无中继海底光缆传输终端见表 3-1。

（1）无中继海底光缆通信系统的主要技术指标

系统容量（传输速率）：通常为 $n×2.5$Gbit/s

系统长度：数十至数百千米

系统制式：PDH（早期）、SDH（目前和今后）

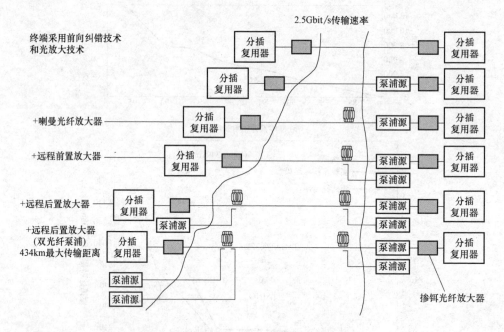

图 3-8　阿尔卡特无中继海底光缆系统示意图

表 3-1　现有无中继海底光缆传输终端

参　数	典 型 选 择
线路速率	155Mbit/s SDH/SONET 565Mbit/s PDH 622Mbit/s SDH/SONET 2.5Gbit/s SDH/SONET 5.0Gbit/s SDH/SONET
支路接口	2Mbit/s 低阶复用器 140Mbit/s 用于 565Mbit/s PDH 系统 140Mbit/s 或 155Mbit/s 用于 622Mbit/s 系统 2.5Gbit/s 和 5.0Gbit/s SDH/SONET
终端保护选择	设备保护 线路保护(0∶1,1+1,1∶n) 环路保护(2 光纤和 4 光纤保护)
发射机选择	标准的路上终端(符合 ITU 标准) 选择激光器线宽窄的路上设备 使用外强调制防止啁啾
接收机选择	标准的路上接收机(符合 ITU 标准) 选择高灵敏度接收机
EDFA 选择	对激光器的输出进行增强放大 低噪声前置放大并色散补偿 远端泵浦放大器
前向纠错	可提高系统增益 4~5dB

系统传输误码率：$\leqslant 10^{-9}$（通常达 10^{-12}）

系统工作寿命：30 年

平均无故障时间：25 年

线路传输码型：应用前向纠错技术

（2）无中继海底光缆的典型功率预算

传输功率：+1.5dBm

误码率为 10^{-10} 时的接收灵敏度：-44dBm

传输补偿：1dB

安装和维修：4dB

终端设备老化：1dB

光缆老化：1dB

传输距离（EOL：0.192dB/km）：201km

（3）无中继海底光缆通信系统的适用范围

1）区域无中继系统，如沿岸带状网、岛屿间环路；

2）与有中继系统连接，如连接跨洋环路、作为补充带状网；

3）与陆地系统连接，连接跨洋区域。

（4）无中继系列光缆主要性能（见表3-2）

表 3-2　无中继系列光缆主要性能

参　数	单位	LW	SA	SAH	DA1	DA2	HA	RA
光缆外径	mm	17	23	33	26	33	41	44
光缆重量 水中	kg/m	0.3	0.7	1.7	1.2	2.3	3.7	5.3
空气中		0.5	1.1	2.4	1.7	3.1	4.8	6.7
断裂负载(UTS)	kN	>50	>120	>280	>200	>400	>600	>400
标称工作抗张强度	kN	20	45	120	80	150	250	120
抗压强度	MPa	>30	>30	>30	>30	>30	>30	>30
无张力最小弯曲直径	m	0.5	0.5	0.75	0.75	0.75	0.75	0.75
抗压	kN	>15	>20	>300	>400	>400	>400	>400
工作温度范围	℃	$-10\sim$ $+35$	$-10\sim$ $+35$	$-10\sim$ $+35$	$-10\sim$ $+35$	$-10\sim$ $+35$	$-10\sim$ $+35$	$-10\sim$ $+35$
储存温度范围	℃	$-30\sim$ $+60$	$-30\sim$ $+60$	$-30\sim$ $+60$	$-30\sim$ $+60$	$-30\sim$ $+60$	$-30\sim$ $+60$	$-30\sim$ $+60$
最大敷设深度	m	3 000	2 000	500	1 000	500	500	500

2. 无中继系统设计和结构

无中继系统与有中继系统相比具有三个特殊的要求。

首先，传输容量自系统开始运营后常常进行不断扩容，这就要求系统具有能够不断扩容的能力。其次，大部分无中继系统敷设在浅水区，因此海缆的强度可以降低，成本也可以减小。但是当近海海缆敷设在渔场和港口区时，为了防止人为的抛锚损坏，海缆的强度要加强，常采用单铠或双铠光缆，此外还要把海缆深埋入海底。最后，无中继系统常被用来连接具有许多登陆点的地区网和本地网，系统结构变得更复杂，于是无中继系统要求更复杂的网络管理系统。

　　无中继系统设计的主要任务是，在满足用户提出的性能要求的前提下使成本降低。然而高性能的要求常常要付出高成本的代价。设计者的责任就是在这两者之间取得折中。例如低损耗光纤的色散要稍大，而具有最小色散的色散移位光纤损耗又偏大。若选用色散偏大而损耗最小的光纤，则要求较好的光发射机，特别是在高比特率使用时，因为此时色散是影响系统性能的主要因素。所以设计一个高性能无误码传输的无中继系统是一项艰巨的任务。典型的设计方法是，从各种可能的拓扑结构中，选择一种来满足用户对指定路径、长度和容量的要求，然后进行损耗预算。损耗预算的目的是，根据现有可用的技术和收发终端性能计算光路上的允许损耗，然后和路径上的光纤损耗、连接器接头损耗以及各种劣化、余量之和进行比较，判定是否满足设计要求。支持当今无中继海底光缆系统的传输技术有光纤和光缆、高性能光发射机和接收机、前向纠错、色散补偿、线路滤波器以及最重要的掺铒光纤放大器（EDFA）。

　　无中继传输系统海缆敷设及其维护可以使用当地较小的船只进行，无需使用高性能的专门海缆敷设船，这样就可大大地减少无中继系统敷设的费用。无中继海缆网络管理系统应该与陆上网络兼容，因为海底和陆上系统可能由用户作为一个统一的网络来维护。

　　无中继系统是有中继系统的支系，但因为它没有有源的海底中继器所以故障定位简单。

3. 无中继系统维护设备

　　因为在无中继海底光缆系统传输路径上不存在有源器件，因此湿设备失效率和性能的退化要比中继系统的少。既然如此，无中继系统的湿设备监视和故障定位系统要比中继系统的简单。

　　在系统运行的同时，测量端对端传输性能，例如比特误码率、数据块误码率等就可以对湿设备进行监视。监视任务是由网络管理系统来完成的。

　　一旦海缆发生故障，使用光时域反射计（OTDR）确定光纤故障点的位置，也可以使用电缆通断/电极测试仪确定海缆中的金属导体故障点的位置。

　　海缆电极测试技术是传统的中继系统故障定位技术，目前它也适用于无中继系统，现已得到广泛的使用，不过最重要的故障定位工具仍然是 OTDR。

　　无中继系统的两个重要性能参数是误码率和可靠性。误码率由 G.821 或

G.826 标准所规定，可靠性由需用船维修湿设备的次数来度量。维修的次数不包括由外部因素如抛锚、拖网引起的故障，因为这类故障海底光缆系统供应商无法控制。但这类故障又对系统的有效使用产生重要的影响，所以用户和设计单位要仔细考虑和精心选择网络拓扑结构、保护措施、海缆类型（铠装与否）、敷设方法（掩埋与否及掩埋深度）、路由和登陆点（避开频繁渔业和港口作业区）位置等。

要求的系统误码率可通过系统损耗预算设计来达到。关于损耗预算设计上节中已作了详细的讨论。

前向纠错将纠正误码直到线路老化到完全失效为止。实际上前向纠错系统是在无误码状态下工作的。因为无中继系统在海底没有有源器件，而陆上终端设备又采用备份保护措施（备份子系统和激光器），所以系统工作中断极为稀少。但终端保护切换在几分之一秒内完成，将导致误码块或误码秒，因此终端设计必须考虑平均故障间隔时间（Mean Time Between Failures，MTBF）。

系统中的光纤故障在海缆系统 27 年的寿命期限内实际上为零。光纤的故障通常是海缆敷设时由于扭折应力产生的。

4. 无中继系统发展趋势

提高性能的无中继系统设计的未来趋向将集中在以下几方面：

1）延长无中继间距；

2）降低费用，提高可靠性；

3）利用最新技术提高终端设备性能，合理设计网络拓扑结构，合理选择敷设方式；

4）在生产、敷设、测试以及维护操作方面尽量使用本地资源。

对无中继产品的要求是在保持与中继系统费用竞争的情况下尽量增加系统长度。中继系统的间距很快将达到几百千米，两者的费用将大致相等，此时用户必须权衡每种产品在可靠性、易升级性、适应性以及维护性方面的得失。

对于无中继系统可以使传输距离增加的技术包括：

1）高功率泵浦激光器；

2）插入损耗小、性能好的无源器件，如波分复用器、光隔离器、光耦合器；

3）减小误码的编码方式和纠错方式；

4）低损耗光纤和大芯径光纤。

为了降低费用，必须使终端设备、海缆敷设及维护费用降低。为此要设法降低海缆的运输成本，最好使用本地船只和本地生产的海缆，简化终端设备和海缆安装与连接。

一种提高可靠性的技术是分支单元和波分复用技术的结合。它是将具有多个波分复用信道的光纤小环敷设在易于保护的深水中，各 WDM 信道从环路分支单元中分开到各登陆点。

3.2 海底光缆线路工程设计

海底光缆工程设计是海底光缆施工的依据和指导性文件,设计质量如何直接关系到工程能否顺利进行和今后的线路使用寿命。

我国国防和国内民用海底光缆工程现行设计,是按照方案设计、技术设计和施工设计三阶段进行,根据工程规模也可合并为一个阶段进行设计。对于大型重点工程须分阶段设计,一般工程可按一个阶段设计,现将分阶段设计的主要内容分述如下:

3.2.1 海底光缆通信系统工程三阶段设计

1. 方案设计

1)海底光缆系统的适应范围;

2)传输电路设计指标和电路构成;

3)系统的技术标准;

4)系统容量;

5)海底光缆制式;

6)初步路由和登陆点选定;

7)登陆局的相关事项;

8)海洋调查计划和埋设调查计划;

9)海底光缆延伸段和陆上线路的连接形式;

10)敷设、埋设工程的基本条件;

11)工程分工;

12)可靠性和维护性的要求;

13)工程投资估算。

2. 技术设计

按照方案设计所规定的项目进行技术事项的详细设计。

1)海底光缆路由和埋没区段的决定;

2)系统长度和中继器数目的决定,中继器的配置;

3)海底光缆种类的选定;

4)系统余长的设计;

5)系统可靠度设计;

6)端局设备的设计;

7)器材规格、数量的决定;

8)工程概算。

3. 施工设计

根据方案设计、技术设计进行有关各工程的施工要求和实施计划。

1）工程分工；

2）工程实施计划（时间、进度、预定完工日期）；

3）海底光缆登陆及敷（埋）设施工的要求条件和实施预案；

4）两岸线水区及潮间带的海底光缆保护工程；

5）工程发生意外事态的措施；

6）敷（埋）设后系统综合测试、传输特性测试；

7）工程预算。

3.2.2　海底光缆通信系统工程一阶段设计

1. 设计说明

（1）概述

1）工程概要；

2）设计依据；

3）设计范围及分工；

4）设计文件组成；

5）线路工程投资及经济指标；

6）主要工作量。

（2）工程设计规模

1）线路工程；

2）两端站位置；

3）设备选型及系统组成。

（3）路由概况

1）两登陆点附近路由条件分析；

2）光缆路由的综合分析。

（4）施工技术条件

1）本工程海底光缆的种类、结构和性能；

2）光缆接头盒尺寸及重量；

3）光缆测试；

4）航线偏差；

5）光缆施工余量；

6）埋设深度。

（5）使用船舶及任务

1）敷设或埋设船；

2）登陆作业船；

3）施工警戒及交通船。

（6）敷（埋）设工程

1）施工前准备：

① 路由清理；

② 海上设施的迁移和交越处理；

③ 路由埋设调查；

④ 光缆装运；

⑤ 光缆与中继器的连接；

⑥ 系统测试；

⑦ 通信联络及气象咨询；

⑧ 工程监督与协调；

⑨ 海上施工警戒。

2）敷（埋）设光缆：

① 光缆登陆；

② 对敷（埋）设施工技术要求；

③ 敷（埋）设中光缆性能监测；

④ 海上光缆接续；

⑤ 登陆段光缆埋设。

（7）工程实施计划日程表

2. 工程预算

1）编制依据；

2）编制说明；

3）预算表格。

3. 施工图

1）敷（埋）设路由位置图；

2）路由水深剖面图；

3）两登陆点路由位置图；

4）登陆海域附近水深地形图；

5）光缆结构图；

6）与既设海底光缆或管道交越位置图。

3.2.3 海底光缆线路工程施工图设计

1. 意义

海底光缆通信工程包括机房通信设备安装工程、海底光缆线路工程、陆地光缆线路工程等，海底光缆线路工程作为单项工程，是海底光缆通信工程的重要组成部分，其施工图设计是海底光缆施工的重要依据，对工程顺利施工，保障工作质量、工程进度、投资效益具有决定性的作用。

2. 设计依据

1）工程设计任务书；

2）经批准的初步设计；

3）国家相关的强制性标准或法规；

4）军队现用的工程建设与设计的标准、规范、定额；

5）上级主管部门有关本工程的文件及军内外有关主管部门协商取得的纪要、协议及批准文件；

6）有关施工重大问题的函件、协议或纪要，如海底光缆路由申请文件等；

7）可靠的设计基础资料，包括勘测收集的原始资料、海底光缆路由勘测报告和调查研究收集的资料；

8）有关设备、器材落实的协议。

3. 设计文件组成

施工图设计文件主要包括设计说明、工程预算和图样三部分内容。

（1）设计说明

设计说明主要包括概述、施工图设计说明和其他需要说明的问题三部分。

1）概述：

① 工程概况：包括工程名称、规模、性质、特点、意义、任务，战术技术要求等；

② 设计依据；

③ 设计范围与分工：海底光缆线路单向工程的施工图设计主要是两水线井之间的部分，主要包括海底光缆埋设、敷设，两端海底光缆登陆后光缆人工埋设、滩涂加固、水线井（房）及禁锚牌等；

④ 主要工程量；

⑤ 工程总预算和说明；

⑥ 与地方政府有关部门、友邻单位的有关文书、协议、信函、批件副本。

2）施工图说明：

a）海底光缆路由选择：确定拟设海底光缆的走向、两登陆点位置及路由转点。

b）海底光缆登陆点及路由自然环境特征说明，包括地形、地貌、底质、障碍物、水文气象（潮汐、潮流、风、浪、水温、海冰、雷暴）、渔捞养殖、海洋开发、锚地、航道、既设海底光缆交越情况等。

c）海底光缆和接头盒的选型及指标：

① 海底光缆的型号、长度；

② 海底光缆的结构：包括缆芯结构、光缆内护层、光缆外护层（铠装钢丝、外被层）；

③ 海底光缆的传输特性：包括光纤的型号、工作波长及衰减指标、模场直径、包层直径、色散指标等；

④ 机械性能：包括外径、重量（空气中、水中）、抗拉性能（破断负荷、短暂拉伸负荷、工作拉伸负荷）、弯曲性能（张力下最小弯曲半径、无张力下最小弯曲半径）、抗压性能（抗侧压力、抗冲击力）、电气性能（绝缘电阻、耐电压）、温度性能（工作温度、贮存温度）、水密性能、海底光缆寿命、海底光缆标志等。

d）海底光缆路由渔网、养殖清除具体要求。

e）海底光缆路由扫海清障具体要求。

f）敷设安装标准及要求。包括敷设方式，敷设长度，埋深要求，防雷、洪水冲刷、磨损等具体保护措施。

g）水线禁锚牌的结构及安装说明。

h）水线房的结构及安装说明。

3）工程质量保障、安全保障和可能涉及的环境保护问题其他需要说明的问题：

① 有待上级机关进一步明确或解决的问题；

② 有关科研项目的提出；

③ 与有关单位、部门协商的问题及结果，需要进一步落实的问题；

④ 需要提请建设单位进一步做的工作和需要注意的问题；

⑤ 其他有待进一步说明的问题。

（2）工程预算

1）意义：工程预算是施工图设计的重要组成部分，是考核工程成本和确定工程造价的依据，是考核施工图设计经济合理性的依据，也是工程价款结算的依据，在施工招标承包制中是确定标的的基础，也是施工单位签订承包合同的依据。

2）编制依据：

① 批准的初步设计概算和审批文件；

② 施工图设计图样及设计说明书；

③ 国家有关部委以及军队颁发的现行定额、标准和规范，总参通信部颁发的《国防通信工程概、预算编制办法》；

④ 国家主管部门批准的有关设备、材料、工器具等价格文件，总参通信部颁发的《通信工程物资器材供应目录》；

⑤ 工程所在地政府发布的现行有关土地征用和赔补费用规定。

3）费用组成：通信工程建设项目总费用由工程费、工程建设其他费和预备费三部分组成。

4）预算的编制：预算的编制按工业部通信【2016】451号颁发的《工业和信息化部关于印发信息通信建设工程预算定额、工程费用定额及工程概预算编制规程的通知》进行。

5）预算文件的组成：施工图预算文件由编制说明和预算表格组成。

a）预算说明应包括下列内容：

① 工程概况、预算总金额；

② 预算编制依据以及对未作统一规定的费用取费标准或计算方法的说明；

③ 技术经济指标分析；

④ 其他需要说明的问题。

b）预算表格：预算表格见工业部通信【2016】451号颁发的《工业和信息化部关于印发信息通信建设工程预算定额、工程费用定额及工程概预算编制规程的通知》附录一中的表一至表五，有关工程施工机械台班费用的定额见表六。

（3）图样

1）海底光缆路由图；

2）海底光缆线路施工图；

3）禁锚牌设计图；

4）线路标桩设计图；

5）滩涂、陆地直埋海底光缆设计图；

6）水线井设计图；

7）海底光缆结构参数；

8）工程施工所需的其他图样。

第 **4** 章

海缆施工前准备

本章 4.1 节介绍海缆船及专用设备，包括船体、动力装置、安全性、观通导航和其他专用设备，补充说明典型海缆作业船，如 991 Ⅱ 型、890 型、067SX 型以及新型海缆船发展趋势。4.2 节介绍海缆施工前的工作程序，然后详细介绍海底光缆贮存的专用设备和贮存要求，装载注意事项和装载量计算、水上运输和陆地运输方法。4.3 节介绍清扫海区的方法和要求。

4.1 海缆作业船

4.1.1 海缆作业船简介

海缆作业船是专门从事海缆的敷设、埋设、维修和装载运输，同时也承担部分海缆路由勘查任务的专业船只。其船舶性能需要满足海缆作业的特殊要求，并根据作业特点安装配置某些特殊装置和专用设备。

1. 船体

从事海缆作业的船舶应有较大尺度，即使是小型海缆维修船也应有适当船宽，以保证盘存海缆弯曲半径的需要。船体首尾部为特殊造型，以适应布放和打捞海缆。一般在首尾部还配有起重设备，便于布放打捞工具和埋设设备等。船体中央部分设计成粗胖型，以便能装尽可能多的海缆；海缆舱布置在中部，有利于纵向平衡。舱内有便于盘缆、放缆的中央锥体，正上方有与全船海缆通道相衔接的特殊结构舱口，它能使馈头线在布放中继器时自由进出。全船海缆通道由直滑槽、舱口滑槽、中继器待机槽、测力计、船艏滑轮和船艉弧槽等组成。通道的任何部位在海缆转向时均应满足海缆最小弯曲半径要求，并且只有在低张力区才允许使用滑轮组代替滑槽。

2. 动力装置

海缆船的动力装置具有较大的功率，以满足速航性和拖带埋设装置的需要。通常采用双机推进以提高操纵性和可靠性。其推进方式一般采用可变螺距螺旋桨或电力推进，使海缆船具有良好的低速航行性能。海缆船要求有很高的操纵性能，特别是在低速航行时舵的作用大大降低，因此采取首尾侧推或首部侧推来改善操纵性。一艘性能良好的海缆船由于采用可变螺距推进器和侧向推进器，它甚至可以实现不抛锚而在海上保持稳定的船位和方向，这给海缆作业特别是进行海上接头作业带来极大方便。

3. 安全性

海缆船敷设施工时，满载海缆和中继器等贵重器材，一旦发生海难事件将造成巨大损失。同时海缆船又要在较恶劣的气象条件下坚持海上工作，其安全性具有特别重要的意义。因此海缆船设计应尽量减少侧向受风面和保持较低的重心，使其具有较高的稳定性指标。同时尽量将舱室进行水密分隔，使其保持 1~2 舱破损进水而不沉。

4. 观通导航

布放海缆时，海缆船要准确无误地沿计划路由施工。维修海缆时要正确找到故障位置并选择打捞地点。施工结束后要将布放或维修作业位置准确标注在海图上，为以后维修提供可靠档案资料。因此海缆船要求有很高的导航定位能力。通常均配有 GPS 导航定位等先进设备。海缆船的通信设备也有较高要求，使之与陆上指挥所或友船保持良好联络。海缆作业要求船上各部门密切配合，因此船内通信联络是非常重要的。除了尽量能实现遥控统一指挥外，船内通信手段如电话、对讲机等，其性能要求常高于一般船舶。此外多数海缆船都装有电视监控系统以及埋设专用水下电视系统，以便对水上、水下各部位工作情况进行控制。

5. 专用设备

海缆作业需要许多专用设备，如敷设机械、埋设设备、张力测量仪表、船对地航速测量装置、捞缆工具、作业浮标、海缆接头设备及配套工具等。

6. 其他

多数海缆船兼有海缆路由调查任务，因此需配有相应调查测量设备，如浅地层剖面仪、旁侧声呐、海底柱状取样器等。

4.1.2 典型海缆作业船

1. 991Ⅱ型海缆作业船

991Ⅱ型海缆作业船担负着我国大陆与岛屿之间、岛屿与岛屿之间敷（埋）设、打捞及维修海缆的任务，或者是其他与海缆工程有关的任务。

（1）总体性能

1）船型：本船为钢质船壳、头部突出、船艏前倾、船艉近似方型。动力系统为采用柴油机组，并具有可调螺距双车叶、双流线型平衡挂舵及艉部侧推装置。

本船配备有鼓轮布缆机、履带布缆机、海缆埋设犁等专用工程设备。

2）作业方式：本船有船艏作业和船艉作业两种方式。船首尾均能布缆，但以船艏捞缆及船艉布缆（或埋缆）为主。

布缆时，海缆从海缆舱出来，在对中限制器、履带式布缆机控制下，过测力计，沿布缆滑槽至船艉出口入水，或者从海缆舱出来，在鼓轮布缆机控制下，过测力计，由船艏滑轮入水。

捞缆时，海缆由船艏滑轮上来，过测力计，经鼓轮布缆机收缆，再由辅助收紧装置送进海缆舱内。

本船采用浮球，由机动工作艇将海缆头拖向岸边，进行海缆登岸，或者采用小型登陆艇协助登陆，送海缆头上岸。

3）主要技术指标（见表4-1）

表4-1　991Ⅱ型海缆作业船主要技术指标

船体主要尺寸	总长	71.55m
	水线间长	66m
	两柱间长	63m
	型宽	10.5m
	型深	5.2m
	设计吃水	3.6m
排水量、载重量及舱容	设计排水量	1327t
	设计海缆载重量	400t
	前海缆舱容积	72m³
	后海缆舱容积	115m³
	燃油舱总净容积	106.8m³
	清水舱总净容积	100.5m³
	压载水舱总容积	232.8m³
续航及定员	续航力	2 400n mile[1]
	自持力	15昼夜
	定员	72人
性能	速航性	主机采用8300ZC增压船用柴油机两台，额定功率为1 100hp[2]/台，额定转数为600r/min。推进器采用可调螺距车叶以及全套液压操纵系统。最大拖力 10t/台（10kn[3]时） 副机采用6135Zca-1型增压船用柴油机带动的90kW交流发电机三台以及115kW直流发电机一台。船艏侧向推力装置采用4叶定距螺旋桨一只，由直流发电机提供推力 航速为13.5kn
	稳性	符合1960年中华人民共和国船舶检验局"船舶稳性规范"对Ⅰ类船舶的要求
	操纵性	采用双可调螺距车叶，双平衡挂舵及船艏侧推装置，改善了航向稳定性及船舶操纵性
	抗沉性	主甲板为干舷甲板，满足一舱破损进水后，保持不沉的要求

① n mile 是海里的文字符号，1n mile=1.852km。

② hp 是英马力的文字符号，1hp=745.7W。

③ kn 是节的文字符号，1kn=1n mile/h=1.852km/h。

（2）布缆设备的布局和作用

船上布缆设备是根据敷设和打捞海缆作业的要求进行布局的。在船的首部，位于主甲板以上，设有两只直径2m的滑轮。作为船艉打捞和布放海缆以及收放其他缆索的通道。

在滑轮的左侧设有船艏吊架及2t电动滑车（又叫电动葫芦吊）。用于吊放捞缆锚等笨重工具。电动滑车可以沿着船艏吊架前后移动，并可伸出船艏之外1m，吊架离船艏滑轮中心3.5m，最大起升高度9m（见图4-1）。

在两锚机后方，甲板中心位置装有测力计，用于测定布缆或捞缆的张力。测力计指示器装在驾驶室总控制台上。紧靠测力计后为鼓轮布缆机舱和反向收紧装置（又叫拉缆机）。鼓轮舱内装有一台单鼓轮、液压传动、三挡变速、无级调速、鼓轮直径为2.5m的布缆机，用于船艏打捞和布放海缆。拉缆机用于反向收紧盘绕在鼓轮上的海缆，防止松动打滑。

在鼓轮舱的左侧舷边设有浮标架，上装两只直径1.2m的信号浮标，供深海打捞维修海缆时作为信号浮标用。另外两只备用浮标存放于海缆器材舱内。

在拉缆机后为前海缆舱，在海缆舱口右侧设有一个吊杆，供吊中继器用。穿过井字窗口，在大走廊下为后海缆舱。海缆舱上方主甲板开设一字形布缆舱口。在布缆舱口设有可拆式布缆斜槽和回缆槽及滑轮，用于布缆和放出中继器回头缆。滑轮可用于船艏捞、布缆时导入海缆。在井字窗口和后海缆舱口处设有可拆式转舱斜槽。布缆斜

图4-1　船艏吊架及电动滑车

槽和转舱斜槽弯曲半径均大于1m。在转舱斜槽上方设有一横贯大走廊的工字形轨道架和滑车，用于吊中继器上布缆槽。

在后海缆舱后面，沿中间走廊中心线左侧装有履带式布缆机，在履带式布缆机前后均装有气动对中装置。在履带式布缆机和后对中装置对面设有操纵室，可操纵和控制履带式布缆机的工作状态，并便于操作人员直接观察履带布缆机的工作情况。履带布缆机的油泵舱设在潜水减压舱下和机舱前靠左舷一边。在中心走廊靠潜水器材舱侧，装有一台测力计，其指示器装在操纵室控制台上，用来测定布缆张力。沿中心走廊到后甲板，全部用宽320mm的可拆式布缆滑槽将海缆舱、

履带布缆机、测力计连成一线，构成船艉布缆通道。

在大走廊右侧，设有测试室、连接室，存放测试仪表和接头工具设备，在施工中，检查和监测海缆及海缆接头质量。

在后甲板装有 ME4 型埋设犁一台，配有 10t 电动滑车的艉吊架（10t 葫芦吊），专用于吊放埋设犁用。电动滑车沿轨道由齿轮条传动可以移出船艉外 5m，最大起吊高度 30m，埋设犁可放入水深 25m（安全深度 20m）的海底。吊架结构如图 4-2 所示。

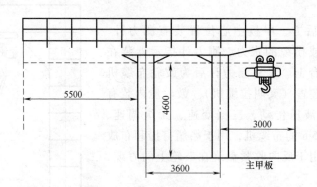

图 4-2　艉吊架

在后甲板靠右舷一侧装有 25t 绞车，用来拖带和控制埋设犁与船之间的距离，以及埋设完后由 25t 绞车将埋设犁从海底拖上船艉甲板。在后甲板设有一组垂直滑轮和水平滑轮，用于埋设时将信号电缆、主拖索和敷设海缆分开，防止扭绞。在左侧设有放钢丝装置（包括钢丝车和张紧钢丝测速装置）。在布缆时测量海缆船的对地速度，为布缆机提供自动定余量布缆的船对地速度信号。

在船甲板后方安装有 25t 绞车主令控制器，信号电缆车和信号电缆车力矩电动机调压器，用来控制埋设犁导缆笼和信号电缆的同步收放。在艇甲板左右舷共设置两艘机动工作艇兼救生艇。机动艇马力为 80hp，长 9m，可用于海缆登陆时拖海缆头上岸。

（3）船体结构

该船的结构基本上按照我国钢质海船建造规范进行设计，但由于海缆作业船的工作特点和特殊要求，对局部区域进行了特别处理和加强。船体结构为横骨架式，全船肋骨间距为 600mm，全部采用电焊连接。

1）船艉：船艉突出部分由三片 U 形体结构所组成，将船艉滑轮包夹其中，以支撑两只直径 2m 的大滑轮。这种悬臂结构，不仅承受着船艉滑轮的重量和海缆的拉力，还要受到波浪的拍击力，因此在该区域内设置了较强的纵向支撑架，船艉装有两只铸钢大滑轮，中心装有滚动轴承以利于旋转，可以通过各种型号海缆和中继器。

2）船艉：船艉是主要作业区之一，安装设备比较多。有船艉吊架、埋设犁、25t 绞车及钢丝车等。在船艉出口处还有用作收放埋设犁和敷设海缆的喇叭口滑道，故船艉甲板承受力较大，滑道磨损程度也较严重，所以加厚了甲板钢板，并在滑道部分不安排钢板接缝，以防止焊缝和毛刺损坏海缆表皮。船艉喇叭口滑道宽 2.5m，埋设犁可以自由通过。滑道曲率半径 3m，能通过各种海缆和中继器。

3）海缆舱：该型船设有两个海缆舱，均为圆筒形结构。上半部两舷侧设置观察平台，并在两舷水线以上开有水密窗，改善自然采光条件，也便于机械通风设备的布置。为不影响盘缆，舱内不允许设置支柱，因而在海缆舱区间内的主甲板板架采用了悬臂梁加强的方案。海缆舱口为喇叭形结构，喇叭口上部与主甲板一字形开口相连，下部罩住舱中心圆柱体。一字舱口从海缆舱上方主甲板中心位置开始沿主甲板中心线向前开设，较好地解决了海缆进出舱口时所需的弯曲半径，也保证了敷设中继器等线路设备时放出回头缆的必要条件。在船艉收缆和布缆时，为保证海缆进出舱口时位于中心位置，在距舱口后沿约 40cm 处装一可拆式滑轮，专供船艉作业时使用。具体结构如图 4-3 所示。

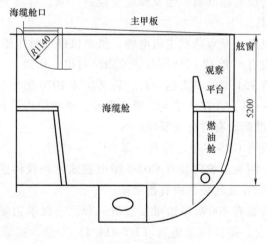

图 4-3 海缆舱

前海缆舱直径为 6.6m，有效舱容为 72m^3。后海缆舱直径为 8.2m，有效舱容为 115m^3。总共能装载 4t/km 的海缆 100km。中心圆柱体直径为 2m，用以限制海缆盘绕时内圈的最小直径，防止损坏海缆和海缆倒塌。两舷观察平台可存放导缆笼和滑石粉等器材。舱内安装有能与驾驶室、操纵室、测试室联系的电话。

4）上层建筑：上层建筑采用甲板室形式，可使海缆施工作业能在同一纵通主甲板上进行，便于前后联系，并方便海缆进出舱口。干舷较低（1.6m），也便于布放和收回浮标以及小艇靠离本船时人员的上下走动，另外相应地减小侧向受风面积，对稳性有利。主甲板船舷两侧有前后直通的外走道，利于有关作业和改善系泊操作条件。

居住舱全部设在主甲板以上，这样可使居住舱室的自然通风及采光良好，改善了船员的居住条件。

（4）舾装设备

1）锚设备：在船艏进行捞、布缆作业时，船艏锚可放进锚穴内，防止海缆被锚挂勾住。全船配备三个短杆霍尔主锚，每个重 1 250kg，其中一个为备用锚。主锚链为直径 31mm 有档铸钢锚链，每根长 8 节，每节 25m，共两根。船艏起锚机为直径 31/34mm 交流电动立式起锚绞盘机两台。除收放船艏锚外，还可以用来收放前甲板上大型系缆浮标或在维修作业中收绞缆绳等。

2）舵设备：该船船艉设流线型平衡挂舵两个，每个舵面积为 $2.99m^2$，采用 $5t \cdot m$ 双舵液压舵机。操舵由一舷 30° 到另一舷 35°，转动所需时间不超过 28s。

3）艇设备：配备工作兼救生艇两艘，动力装置为 4135 型柴油机，额定功率为 80hp。艇架配备了 6.3t 起艇绞车。每舷设有可容 10 人的气胀式救生筏 4 个。

（5）导航、通信和助航仪器设备

1）在罗经平台设有标准磁罗经及操舵罗经各一具。在驾驶室设有标准磁罗经及操舵罗经各一具。

2）在驾驶室设有一套双联双主机电钟，供主机推进时作指示用。

3）在驾驶室设有两套 12 门指挥电话及四位对讲电话机。

4）驾驶室设有 751 型航海雷达一具，后又加装 1070 型导航雷达一具。在罗经室内设有电罗经一具，并在驾驶室、罗经平台、舵机舱内设有航向分罗经各一具，在驾驶甲板两舷侧设有方位分罗经。

5）海图室内设有 GPS 卫星定位仪一部。

6）在计程仪、测深仪舱内装有 CDJ-4 型电磁式计程仪传感器一只及 619 型测深仪换能器一只，并在驾驶室内有指示器。

7）在报务室内装有 400W 单边带发射机一套，一级单边带接收机一套，晶体管全波收信机一套，短波应急电台（HT-414/J）一套。超短波电台（A-410）一套。应急救生电台（JT-509）一套等。

8）广播室内装有 100W 船用扩音机（GY-100-48）一套。

（6）冷藏、通风及消防设备

1）分别设有蔬菜和肉品冷藏库，采用 CL-J4 型冷藏机两套。

2）机舱、粮食舱、浴室、厕所、二氧化碳室、电罗经室、弹药库、机修间、蓄电池室、海缆舱、布缆机舱、侧向推进舱等采用机械通风，其他舱室采用自然通风。

3）设有副锅炉，蒸发量 300kg/h。

4）在弹药库专门设有洒水装置，而其余的按规范配备消防设备。

（7）电气部分

1）全船动力电源采用交流三相 380V，照明电源采用交流 220V，应急及低压照明电源采用直流 24V。

自由航行、捞缆、布缆作业状态时，由两台 90kW 发电机并联供电，停泊状态时，由一台 90kW 发电机供电。靠岸状态时，接岸电交流三相 380V。

2）全船用电有五大部分

① 甲板机械的电力拖动装置；

② 特种机械的电力拖动装置；

③ 机舱辅机和通风机的电力装置；

④ 导航、通信设备和助航仪器等弱电设备；

⑤ 全船照明。

2. 890 型海缆作业船

890 型海缆作业船主要担负我国沿海各岛屿之间进行短距离（50km 以内）布缆以及打捞、维修海缆作业任务，并可进行浅海短距离埋设海缆作业。

（1）总体性能

1）船型：该船为钢质船壳，船型与 991 Ⅱ 型船相似。动力系统为柴油机组，并具有双轴可变螺距桨和双流线型平衡挂舵及船艏侧推装置。配备有电动式双鼓轮布缆机和海缆埋设犁等专用工程设备。

2）作业方式：由于只在船艏装备了电动式双鼓轮电缆机，所以以船艏作业方式为主（包括布缆与捞缆），但为了配合埋设犁进行埋设，沿中间走廊开辟了船艉布缆通道。一般船艉布缆时，海缆从舱口出来后，经中间滚轮组到鼓轮下向上绕，然后从鼓轮上方出来进入拉缆机，后顺布缆滑槽到船艉入水，布缆速度、张力等仍由鼓轮布缆机控制。该船不宜连续布放带中继器的海缆。

3）主要技术指标（见表 4-2）

表 4-2 890 型海缆作业船主要技术指标

船体主要尺寸	总长	59.42m
	两柱间长	52.00m
	型宽	9.20m
	型深	4.50m
	设计吃水	2.95m
排水量及载重量	设计排水量	803.08t
	设计海缆载重量	150.00t（最多可装载 4t/km 的海缆 50km）
	前舱（副舱）	65.00t（最多 90t）

（续）

排水量及载重量	后舱（主舱）	85.00t(最多110t)
	燃油	45t
	淡水存量	45t(实际存量加备用水舱可达100t)
	压载水	150t
续航及定员	续航力	1 000n mile
	自持力	15昼夜
	定员	46人
性能	速航性	主机采用8300ZC型增压船用柴油机两台直接推进，轴系配置可调桨装置，可以满足布放、打捞和维修海缆作业时的低速航行要求 副机采用6135Zcaf型柴油机三台，带动95kW交流发电机 航速可达15kn
	稳性	符合1960年中华人民共和国船舶检验局"船舶稳性规范"对Ⅰ类船舶的要求。抗风7-8级
	操纵性	船艏装有侧推装置，由95kW交流电机通过伞形齿轮带动侧推桨叶。增加了船舶靠、离码头和布放、打捞海缆作业的灵活性。船艉安装液压舵机一台，带动双舵

（2）船体结构及舾装设备

1）船体结构：该船系海缆维修工程船，其结构基本上与991Ⅱ型海缆船相似。

船艏也采用悬臂结构，同样设有两只直径为2m的V型铸钢大滑轮，中心装有滚动轴承以利于旋转，并可以通过各种型号海缆和中继器。

船艉设有海缆埋设犁、25t绞车和门式吊架等专用设备。为了适应收放埋设犁的要求，同样设有宽为2.5m的喇叭口滑道，其曲率半径为3m，以满足收放海缆埋设犁的要求。

该船设有两个圆形海缆舱，主海缆舱（后舱）直径为6.6m，有效舱容为60m³，副海缆舱（前舱）直径为5.2m，有效舱容为35m³，两舱深均为1.9m，中心圆锥体直径为1.8m，两舱最多可载4t/km海缆长为50km。布缆舱口因不考虑连续敷设中继器，所以做成八字形舱口，下面裙边较短，且无明显外翻，上面与主甲板一字形开口相连，一字舱口从海缆舱上方主甲板中心位置开始沿中心线向后开设，长为1.6m、宽为0.2m，属船艉作业型舱口。

上层建筑采用甲板室形式，可使海缆施工作业能在同一纵通主甲板上进行，便于前后联系。干舷较低，便于布放和收回浮标作业及小艇离靠码头。

船员居住舱室主要是设置在主甲板以上，通风和采光条件均较好。

2）舾装设备：该船配霍尔锚（2G25）三个（其中一个备用），每个重为820kg，配置直径为28mm主锚链两根，每根长为150m。

船艉设置两台（左、右各一台）直径为25/28cm电动起锚系缆绞盘，采用标准的交流三速锚机进行控制。船艉安装液压舵一台，带动双舵。电动机功率为1.5kW，油泵排量为25mL/rev，最大工作压力为32MPa。另设有手动1.5t·m应急操舵装置一台。

配备6m 24hp机动救生艇两艘，以及可容10人的气胀式救生筏4个。

前甲板左右舷各装300kg手摇吊杆一具，用于吊放浮标等笨重工具。

（3）布缆设备及维修打捞工具

该船主要装备了电动式双鼓轮布缆机及与之配套的液压传动轮胎式拉缆机、压磁式电子秤等。后甲板装有ME4型海缆埋设犁一台及与之配套的埋设犁状态检测仪表控制柜、平衡式自动记录仪、5t绞车、压门吊式电动葫芦吊（吊重量为5t）、信号电缆绞车等。另外，装备有张紧钢丝对地测速装置一套、甲板设有一台固定的100kg送缆机、船艉设有2t葫芦吊以供吊放捞缆锚等使用。

为适应维修捞缆作业需要，还配备了80kg级四爪捞缆锚两个、小型灯光浮标4个，其中两个固定在船的左右舷，另两个备用，并配有70kg移动式引缆机一台。

海缆滑行通道所有转角处弯曲半径均在1m左右。

（4）导航、通信和助航仪器设备

1）导航、助航仪器设备：为了给海缆作业提供较准确的定位条件，该船配备有753型导航雷达、1070型导航雷达、CLI-1型电罗径、GPS卫星定位仪、SDH-6型回声测深仪、CDJ-5型计程仪、OD1型舵角指示器和主机转速表等。

2）通信设备：为保证与陆基指挥所和友船及该船内部的通信，配备有HF-440型400W单边带发射机、DCY-2/J电传打字机两台、HS-401型接收机一台、HT-502/J型超短波电台一台、JS-240型全波收讯机一台、HT-411A/J型短波舰艇电台作为应急电台。

船内通信设备有警铃系统、CY-100-4型广播系统，在驾驶室、主甲板、船艉、布缆机舱四处设有遥控箱。配备舰艇指挥电话8ZFC-1型8门电话总机两套、4ZFC-1型4门电话总机两套、四位对讲机JDY-4型一套，另外还配有4G7型工业电视一套。

（5）电气部分

1）发电设备：该船发电设备由三台6135zcaf型船用增压柴油机带动T2H-90

型发电机组成，每台发电机输出三相 400V、50Hz 交流电，最大发电容量为 90kW。

在海缆埋设、布缆、捞缆作业及进出港等四种工作状况时均需三台发电机供电，而自由航行和停泊状态时则用一台发电机供电。如有一台柴油发电机损坏时，只要停开侧向推进电动机，埋设、布缆、捞缆等三种作业仍可正常进行。另外，只要 25t 钢索绞车和侧向推进电动机不同时使用，仍可以正常进出港作业。靠码头时，可接交流三相四线 380V、50Hz 岸电，最大输入容量为 200A。

2）供电方式：本地电力采用放射式供电。由总配电板直接供电的设备有布缆机组 JO2H-82-4 型 40kW 拖动电机两台，JZ2-H51-4/8/16 型、16/16/11kW 锚机两台，JZ2-H52- 4/8/16 型、22/22/16kW25t 绞车一台，JO2H-62-2 型、17kW 消防泵一台，JO2H-62-2 型、17kW 总用泵一台，30kW 拉缆机液压柜一台，JO2H-31-6 型、2.2kW 舵机两台，还有雷达、电罗经、硅整流充电装置，1kW 探照信号灯等。其余一般性设备通过 9 个电力分电箱，6 个照明分电箱及航行、信号分电箱供电。

全船正常照明、工作照明、航行信号灯、工作信号灯电源均为交流 220V，并设有低压 24V 夜间照明和应急照明。

（6）冷藏通风设备及消防

1）冷藏通风设备：该船采用 2F-6.3 型冷藏机组两套，每台冷冻机制冷量为 3 300cal[⊖]/h，一套用作肉品库和菜库制冷，另一套作为备用。冷冻机冷却水泵置于机舱艉部左舷，若水泵发生故障，由压力水柜供水进行冷却。

前后海缆舱、主甲板以下的居住舱室、厨房、变流机室、弹药库、"1211" 室、蓄电池室、粮食库以及冷冻机室、厕所、浴室、艉侧推装置舱室等均设置适当的进风机或抽风机。

主甲板以下的居住舱室还设有柜式水冷空气调节器共二套。主甲板以上居住舱室采取自然通风。

2）消防设备：

① 全船消防管系与机舱内消防管系相连，由设在机舱内的 80CL-65 型离心泵供水。全船消防管系供给全船消防、锚链筒冲洗、弹药库洒水、电缆机冷却、甲板冲洗等用水。

② "1211" 室位于主甲板左舷 32～35 号肋位处，室内设有 "1211" 灭火液六瓶，通过管路能送到机舱、锅炉间和燃油深舱等处灭火。在机舱内设有警铃和灯光报警装置，以备在施放 "1211" 灭火液之前使工作人员预先离开。另在 "1211" 管系上装有警笛，在施放 "1211" 灭火液过程中发出声响警报。

⊖ 1cal = 4.1868J。

③ 机舱、锅炉间和机修间内设有二氧化碳灭火机、泡沫灭火机，以供扑灭局部火灾之用。

④ 气雾笛设置在驾驶室顶的桅杆上，其管系与机舱内的压缩空气系统相连接，并降压至1MPa作气、雾笛供气之用。

电缆机制动及拉缆机用气（0.6MPa），"1211"灭火，以及燃气灶的用气（0.4MPa）均由机舱压缩空气系统的杂用空气瓶供给。

3）辅锅炉：采用CSL11右型全自动控制锅炉一座，蒸汽产量为300kg/h，额定工作压力为0.7MPa，使用时降至0.4MPa。

全船船员室、医务室、会议室等均设置蒸汽散热器，并供给舱室取暖及厨房蒸饭用蒸汽。

3. 067SX型海缆作业船

067SX型海缆作业船的主要任务是担负沿海岛与岛、岸与岛之间的海缆维护和检修，并能作短距离布放、收捞和埋设冲沟，也可以配合大型海缆船进行登陆和海洋调查。

（1）总体性能

1）船型：该船是根据海缆作业的特点和要求新设计的海缆维修船，并配备新设计的液压鼓轮机。

2）作业方式：基本上采用船艉作业方式。收缆时海缆自船艉滑轮引进，经测力计至液压鼓轮机，再由轮胎牵引机送至前、后缆舱；布放海缆时则反方向进行。轮胎牵引机可以作为鼓轮机的辅助牵引，也可以单独使用作为倒缆机或布缆机。船艉有两个并列滑轮，两个海缆舱各有一台轮胎牵引机，因此在浅海维修海缆时可以采用边收边放作业方式。

3）主要技术指标（见表4-3）

表4-3　067SX型海缆作业船主要技术指标

船体主要尺寸	总长	28.5m
	型宽	5.4m
	型深	2.7m
	设计吃水	1.55m
容量	设计排水量	152.96t
	设计载重量	40t
	淡水舱容量	7t
续航及定员	续航力	500n mile
	自持力	12昼夜
	定员	20人

（续）

性能	速航性	主机采用 TBD234V8 型高速柴油机两台,额定功率为 303kW,额定转速为 1 800r/min 航速为 10.5kn
	稳性	符合 1986 年中华人民共和国船舶检验局"船舶稳性规范"对 Ⅱ 类船舶的要求
	操纵性	全速航行时,满舵的回转直径约四倍船长
	抗沉性	能保证一舱破损进水而船不沉

（2）主要设备配备

1）主机：机舱位于主甲板下的中后部，舱内两台主机成对称布置，中心线相距 2m。左主机前端输出轴通过 DSG60-A 型电磁离合器带动鼓轮机液压系统 250DCY14-1B 主变量泵，右主机前端通过同型离合器带动 6BA-6 型冲沟水泵。两主机后端输出轴通过双速船用齿轮箱与尾轴、螺旋桨相连接。齿轮箱可以起离合、换向和变速作用。正车时有 1：2.5 和 1：5 两档传动减速比，采用高减速比 1：5 时，可获得布缆作业所需要的低航速。

2）发电机组：机舱后端左右舷各装有一台柴油机交流发电机组，为海缆液压系统轮胎牵引泵、双联叶片泵、鼓轮机控制系统及船上其他部位供电。该机组采用了 X4105BCF-2 型柴油机和 TFX-200M4-H 型交流发电机。机组的额定功率为 24kW，额定电压为三相 400V，额定电流为 43.3A。

采用三相干式船用变压器输出 220V 交流电源，为鼓轮机控制台、全船照明及其他部位供电。另外采用三相硅整流装置提供 24V 直流电源。

3）观通导航：为给海缆作业提供准确的导航定位和良好的通信手段，船上配有 GPS 定位仪、RM1070 导航雷达、磁罗经、SDH-6 测深仪、HT-522A 甚高频电话和 HT-411 单边带电台等设备。

4）海缆作业设备：

① 船艏滑轮及吊杆：船艏滑轮由两个宽为 0.22m、直径为 2m 的平滑轮并列组成。两侧有高约 1.6m 护板。滑轮左侧装有 500kg 旋转吊杆，用来吊放船艏锚、打捞铺、中继器、工作吊篮和登陆桥板等。

② 测力计：测力计安装在船艏滑轮与鼓轮机之间，海缆经过测力计时位置抬高，向两边的倾斜度比为 1：20，测力计传感器受力为海缆张力的 1/10。测力计是海缆张力的监测仪表，可显示海缆在测力部位的张力并按设定值进行声光报警，最大量程为 20t。收缆时它给海缆提供保护，防止牵引力过大造成海缆损坏。定张力布缆时它是鼓轮机操作的重要依据，使海缆落地点张力保持在合适的范围。

③ 液压鼓轮机：在海缆作业大舱的前端设悬臂式单鼓轮电缆机一台，采用液压传动、电动伺服变量控制。主油路变量泵由左主机驱动，液压机使用 2NJM-G4 低速大扭矩液压马达。鼓轮直径为 2m，工作宽度为 0.4m，牵引力为 10t，最大布缆速度为 4.5kn。

④ 垂直导缆架和轮胎牵引机：在前、后海缆舱一字形舱口上方各有一组垂直导缆架和轮胎牵引机。导缆架由 11 个工作宽度为 0.3m、直径为 0.12m 的滑轮组成。滑轮组安装成圆弧形，其半径为 1m。

轮胎牵引机是由一对 SXM-F0.25 液压马达来驱动上下两个压紧海缆的轮胎，轮胎外径为 0.535m，宽为 0.16m。它可作为鼓轮机的辅助牵引，也可单独运转用于倒缆或布缆。轮胎机牵引力为 400kg，最大工作速度收缆时为 2.6kn，布缆时为 4.5kn。

⑤ 前、后海缆舱：前、后海缆舱设在海缆作业大舱中、后部，两舱舱容共 35m³，可载海缆为 40t。后海缆舱的盘缆外径略大于前海缆舱，维修海缆时一般用后舱装新缆，前舱存放回收的旧缆。两个海缆舱的中心都设有盘缆锥体，其底部直径为 2m，高为 1.7m，顶部直径为 1.32m。锥体由钢板卷焊成形，顶部有盖，内部可存放捞缆钢索、绳索等工具。

⑥ 冲沟泵：机舱内设有 4BA-6 型卧式离心泵，由右主机驱动，供埋设海缆冲沟使用。该泵排量为 65m³/h，扬程为 98m 水柱。

⑦ 其他：船上还配有 HJ91 系列海缆接头设备及配套工具、底质柱状取样器、打捞锚和浮标等工具及设备。

4.1.3 现代新型海缆作业船

自 20 世纪 80 年代全球进入海底光缆大发展的时代以来，世界上不少国家都投入巨资，集中了当前能够应用的先进技术，建造了大批万吨级装备精良的海缆船，无论吨位数量、技术水平都是前所未有的。

1. 新型海缆船的技术特性

（1）适航性

目前国外的新型海缆船在 7 级风、浪高 4m 的条件下能作业，在 8 级风条件下能航行，基本上能符合国际船舶无限制航区的标准。为满足这个要求，新型海缆船上多数设置了减摇水舱等减摇设备（可使横摇减少 1/3，纵摇减少 2/3），减少了船在风浪中的摇摆，有利于海缆作业。

另外，国外最新建造的几艘海缆船，已取消了首部作业方式，而全部作业都集中在船艉进行。这种作业方式的改进所带来的好处是很多的，一个主要的优越性是满足了在大风浪情况下作业的需要，减少了船艏滑轮在大风浪中航行时产生的拍击；另一个优越性是扩大了作业所需的甲板空间，充分利用了整个海缆船宽阔的艉甲板。

（2）操纵性

为了适应光缆接续、埋设及其他作业的需要，对新型海缆船的操纵性提出了更高的要求。因此，新型海缆船上一般都具有动态定位功能。动态定位系统与GPS系统的配合，使得数千千米长的海缆能以需要的路由无偏差地敷设。在动态定位状态下作业时，海缆船侧向推进装置须耗费巨大的功率，船的主推进器推力也需要精细地调整，因此新型海缆船上均采用大功率柴油机发电设备（功率在10 000kW以上），主、侧推全部采用电力推进方式。而对海缆船的快速性一般都要求不高，大多数都在13~15kn的范围内。

（3）安全性

海缆船的安全性在设计建造中被列为主要问题来考虑。新型海缆船一般都把船舱划分为许多个防火和水密隔段，并设有双层船底，能实现相邻两舱破损进水不沉。而且具有相应的平衡压载系统，以便在全船装满海缆后，当部分放出或全部放出时，能调整压载来保持船的平衡和稳定性，以保证船的航行安全。另外，船上还具有完善的消防、损管、救生设施和遇险求救及应急通信手段等设备。

（4）舒适性

海缆船在海上航行、作业时间长，人员比较辛苦、紧张，而且在执行任务过程中船上往往会有大量临时上船参与工作的官员和工程技术人员。因此新型海缆船都特别强调船员居住条件和生活的舒适性，一般都是一人一室，并有大量备用房间。船上还备有餐饮、文娱、医疗和健身设施。

（5）作业设备的先进性、完善性和安全性

新型海缆船上设置有大量海缆作业所需设备，以满足各种海缆作业的不同需要。主要包括以下几类：海缆、作业器材及机具储放设备；海缆敷设、打捞、维修、埋设设备；海缆测试、探测、接续设备；导航、定位、测速设备；海洋调查测量设备；通信、计算监控设备；工作艇、起重设备、直升机起降设备等。

2. Innovator 海缆作业船

Innovator海缆船是芬兰Kvaerner Masa-Yards船厂建造的第16艘海缆敷设船，载重量为9 400t，船长为145.4m，是当前世界上最大的海缆作业船。该船隶属于英国有线/无线海上公司（CWM），专门实施该公司遍布全球的海缆敷设和维修任务。

（1）海缆作业

Innovator海缆船打破了传统的海缆船首尾部作业模式，设计了全尾部作业的新作业模式。船舶的上甲板布置为海缆作业区，包括开放的船艉作业甲板。该区域甲板室内安装了全部海缆作业设备、三台大的水冷式中继器储存架、电缆机控制室、电缆传送实验室（接续室）和机修间。在主甲板之间，第二层甲板上，是主要的海缆和缆索储放区。三个主电缆舱总的容量为 4 550m³、7 000t，一个小电缆舱布置在船艏用于储放回收的旧缆，其容量为 300m³。海缆存放区之后是逆变器和电气设备舱、机舱和舵机舱。

船上的海缆作业设备主要是两条拉缆机线路：一条线路为一台直径为 4m 的电驱动鼓轮电缆机，最大拉力为 40t，带有四对轮胎、拉力为 4t 的拉缆设备；另一条线路是一台 21 对轮胎的直线电缆机，拉力为 12t。两台电缆机均由英国的 Dowty Aerospace 厂商供应。船艉装有两套滑轮，直径为 4m，轮顶宽度为 1150mm，由 Kvaerner Masa-Yards 船厂制造。船艉装有一台安全工作负荷为 35t 的 A 型吊架，该吊架是安全可收进的坞式门架，能在 5 级海况下作业，用于任何一条拉缆机线路上的埋设犁吊放，能从伸到船外 80° 到收进船内的 80° 之间变化。左右舷的埋设犁线设计成在任何时间通信电缆和拖曳/起升索保持为一根直线。在船艉还装设了两台 10t 近海甲板起重机。

（2）柴油机电力推进系统

Innovator 海缆作业船选用了一套柴油机（电力推进系统），由五台主机组成，总输出功率为 12 885kW。其中三台为 Wartsila Vasa 9R32E 柴油机，每台功率 3 645kW，驱动一台容量为 4 160kVA 的 ABB 船用发电机；两台 Wartsila Vasa 6R22/26 柴油机，每台功率 975kW，驱动一台容量为 1 150kVA 的 ABB 交流发电机。两台 ABB 主推进电动机，每台功率 2 700kW，通过 Valmet 双进单出齿轮减速箱驱动一台装在可操纵导流管内的 KaMeVa 定距螺旋桨。船的最大航速为 14.5kn。为有效地操纵船舶和动态定位作业需要。船上装设了四台电动推进器：两台 900kW 的 KaMeVa 船艉侧推装置，一台 1 200kW 的同是 KaMeVa 产品的船艏侧推装置以及一台 2 180kW 的 White Gill 全回转推进装置。主推进和侧推电动机的速度控制均采用脉冲宽度调节交流整流器。当用于动态定位作业时，脉宽调节能为良好的操纵提供迅速的响应和控制。

（3）控制中心

船舶的控制中心是由驾驶室与操控室组合在一起的，位于桥楼甲板上层的航海桥楼甲板上。当进行海缆作业时，它是船舶的主控制中心。同时它还装设了一套 Cegelec 动态定位操控杆系统，包括张紧索、声学测量仪器和差分 GPS 接口。控制中心的其他设备包括全套航海仪器以及遥控的压载和淡水输送控制设备，它是计算机控制稳定系统的互补设施。

船上设置了 80 间单间住舱：46 间船员舱布置在主甲板的船中和船艉，27 间普通的高级船员舱布置在首楼甲板，6 间高级别住舱和业主住舱布置在艇甲板和桥楼甲板之上。其他设施包括在主甲板上的一间健身房、两间娱乐室，在首楼甲板上的厨房、餐厅、资料室和医务室以及在艇甲板上的高级船员休息室。

3. 国外新型海缆作业船主要技术指标（见表 4-4）

表 4-4　国外新型海缆作业船主要技术指标

参数 海缆作业船	交船日期	主要尺度 L×B /m	设计吃水 /m	排水量 /t	海缆装载 /t	装机功率 /kW	推进形式	航速 /kn	自持力或续航力	作业方式	动力定位装置	主要作业设备	人员舱位	船价
Sovereign（英）	1991	127.3×21	7	13 018	6 200	10 200	电驱动双桨	14	14 000nm	传统首尾作业	有	首鼓轮布缆机 尾直线布缆机	78	3 200万英镑
环球链路（美）Global Link	1 990	146×21	8	7 900	6 000	13 230	双电机驱动单桨	15	10 000nm	传统首尾作业	有	首双鼓轮布缆机 尾直线布缆机	138	10 000万美元
灵活维修 3 号（中英）Plexservice3	1 992 改建	103×19.4	6.6	9 894.4	3 650	11 576	2×调距桨	11.5	10 000nm	尾甲板作业	有	尾两台鼓轮布缆机	60	—
KDD海洋链（日）KDD Ocean Link	1 992	133.2×19.6	7	9 600	4 500	11 597	2×调距桨	15	10 000nm	传统首尾作业	有	首双鼓轮布缆机 尾直线布缆机	85	8 000万美元
Asean Restorer（英）	1 994	131.4×21.8	6.3	11 156	2 100	12 885	电驱动双桨	16	6 星期	尾甲板作业	有	尾鼓轮布缆机	80 单间	7 250万美元
Innovator（英）	1995	145.4×24	8.5	14 000	9 400	12 885	双电机驱动单桨	14.5	6 星期	尾甲板作业	有	尾鼓轮布缆机	80 单间	7 000万美元
Asean Restorer 后续船（英）	1997	131.4×21.8	6.3	11 156	2100	12 885	电驱动全旋推进器	16	6 星期	尾甲板作业	有	尾双鼓轮布缆机	80 单间	7 250万美元
Subaru（日）	1 999	123.3×21	7	9 557	6 843	12 000	电驱动全旋推进器	13.5	8 800nm	尾甲板作业	有	尾双鼓轮布缆机 直线布缆机	80	—
Bold Endeavour（英）	1 999	L＝119.05	—	8 000	5 500	10 720	电驱动全旋推进器		—	尾甲板作业	有	—	—	3 000万英镑
"氧气计划"首制船（美）	2 000	L＝126.5	—	8 000	5 500	10 720	电驱动全旋推进器	14.5	—	尾甲板作业	有	—	—	—

4.2 海缆的贮存、装载与运输

海底光缆由于其所处的环境相比于陆地光缆而言要恶劣得多，使得其中继段长度、水密性能、抗拉强度等技术指标必须具备不同于陆地光缆的特性，从而使得海底光缆的贮存、装载和运输也有其特殊的方法。

4.2.1 海底光缆的贮存

1. 贮存光缆的专用设备

海缆从制造车间生产后，就直接放入海缆池，一方面是为了贮存待运的海缆，另一方面则对海缆进行水密性能的测试。

海缆从制造厂用船运回后，如数量不多，又计划在很短时间内敷设完，则不必另找海缆贮存场地，暂时放在运输船上，以减少海缆在装卸过程中的磨损。如不能立即施工，或者海缆数量较多，海缆船在短时期内敷设不完时，就应进行妥善的贮存。

贮存海缆一般用专用的海缆池、海缆仓等设备。

（1）海缆池

海缆池是用钢筋混凝土筑成的一个圆形池子，也有用石头砌成或用钢板建成的。池底及池内侧装有排灌水管道，池外侧配备自来水阀或抽水机设备。池子中央有一直径大于1.5m的钢筋混凝土圆柱体（或截头圆锥体）。池壁的厚度为40~50cm，并要求池内灌满水后不漏水。池底所能承受的压力与池子的深浅有关，池子深装缆就多，建造的海缆池愈深，则要求池底的抗压性能愈高，一般池深为3m。

海缆池直径的大小，可根据贮存电缆的实际需要来定，一般海缆池的直径为5~17m。池顶应有钢质结构的屋棚或架子，其高度离池底不小于4.5m。屋棚或架子的中央可悬挂滑轮，并能承受不小于300kg的垂直拉力，以配合拉缆机的使用。

（2）海缆仓

海缆仓（见图4-4）可分为船上和岸上两种，船上的海缆仓可参阅图4-3。岸上的海缆仓通常是以靠近码头的仓库来代替。

2. 海缆贮存的一般要求

1）海缆池应该池底平坦、池壁光滑，中央圆柱体应与海缆池成一同心圆，且池顶具有传送装置。

2）存放海缆的两端头应露在外面，做好标记，海缆头必须密封，以防潮气侵入。

图 4-4　储缆仓

3）存放海缆的周围环境温度应按制造厂海缆说明书上要求，一般不得高于+40℃和低于-40℃。在冬季如遇海缆表面结有冰冻时，必须先使冰融化方能移动，以免损伤外护层，但所施于海缆表面温度不得超过规定的最高温度。在夏季，环境温度超过+40℃时，须不断喷水进行冷却。

4）海缆贮存时弯曲半径不应小于允许弯曲半径，海缆由贮存室或成品水池内转送到海缆船内，其弯曲半径也不应小于允许弯曲半径。

4.2.2　海底光缆的装载

1. 装载

海缆船上海缆的装载（见图 4-5），是一项比较重要的工作，它必须充分考虑到装载后和敷设中海缆船的平衡。要求在调整压载水后，仍可保持船的平衡，不会发生大的倾斜。当海缆较长时，应将海缆平均分装在各海缆仓中，装载高度应基本一致，同时应注意船的可容许吃水深度。装载时，应将海缆的登陆端或先敷设的海缆放在最上面，使敷设方便，尽量减少海缆的换仓和回缆次数。另外应避免铠装海缆压在无铠海缆的上面。

施工中，海缆装载情况的好坏对施工有直接影响，因此应根据上述原则和实际情况，经过反复计算和研究，拟定出最佳装载方案。

在海缆厂装载海缆时，须使用工厂内的导缆设备和船上的拉缆机。在海缆仓中，盘放海缆的工作可由 8~10 人组成的工作组进行，相互配合使海缆一圈紧靠一圈贴着躺在一起。放置海缆是从外圈开始由外向内（靠中心锥体）盘放，第二层又是从外圈开始，由外向内盘放。层与层之间可采用厚白色硬聚氯乙烯条作为隔离板，层次分明，也有采用薄木片或塑料片保护从中心锥体移至外圈的海缆段。为了防止海缆层相粘，层与层之间涂上一层白垩粉溶液。目前国外已在海缆池内设置了自动盘缆系统，不仅节省了盘缆作业的人力，改善了作业环境，提高

a)   b)   c)

图 4-5 海缆的导缆及装载

了作业安全性，而且对于盘缆作业的质量也有了较大提高。

2. 装缆注意事项

1）海缆装船前后应要进行测试，如发现问题，须查明原因，采取措施；

2）海缆舱底、舱壁、导缆口、牵引设备等要进行严格的检查，不能有任何毛刺和其他锋利物体，以免刮伤、刺伤海缆，对无铠海缆尤须注意；

3）海缆盘绕要紧密、平整，如有扭曲，须整直后盘入圈内。转层海缆应相互错开，尽量使其平整。层次应分明，装缆长度要有专人详细记录；

4）海缆端头应露在外面，且长度要适当；

5）经过测试检验后的海底光缆和器材应做好记录。

3. 海缆装载量的计算

一般地，在海缆船的技术指标中应列出该船海缆舱容积、海缆载重量及长度。主要可采用以下方法来计算海缆的装载量。

1）按照海缆仓容积计算海缆长度，其公式为

$$V = \frac{\pi h}{4}(D^2 - d^2) \tag{4-1}$$

式中 V——海缆仓的容积（m^3）；

h——海缆的允许盘高（m）；

D、d——海缆仓的外、内径（m）。

每千米海缆的体积为

$$U = \frac{\pi d_c^2}{4} \times 1\,000 \tag{4-2}$$

式中 U——每千米海缆的体积（m^3/km）；

d_c^2——海缆的外径（m）。

则海缆仓的装载量为

$$L = C\frac{V}{U} \tag{4-3}$$

式中　L——海缆的长度（km）；

　　　C——海缆的占积系数（铠装海缆取 0.72~0.74，无铠海缆取 0.76）。

将式（4-1）和式（4-2）代入式（4-3）可得

$$L = \frac{Ch(D^2 - d^2)}{1\,000d_c^2} \tag{4-4}$$

2）按照海缆仓盘缆面积和盘缆层数计算海缆长度，其公式为

$$L = \frac{M\pi(D^2 - d^2)}{4\,000d_c^2}n \tag{4-5}$$

式中　M——盘绕海缆的平面填充系数（铠装海缆可取 0.9，无铠海缆取 0.96）；

　　　n——盘绕层数（$n = h/d_c$）。

3）通过海缆装载的长度计算装载的海缆重量，其公式为

$$W = L \times W_S \tag{4-6}$$

式中　W——海缆装载量（t）；

　　　W_S——海缆的每千米重量（t/km）。

4.2.3　海底光缆的运输

海底光缆的运输一般可分为水运和陆运两种。在水上运输中，较多的是使用专用的海缆船来运输，或者也有采用驳船运输的。在陆上运输中，一般采用大型载重平板汽车运输，或者少数的使用特种汽车来装载短距离的整条海缆。

1. 水上运输

水上运输可以减少海缆来回装载倒换的环节，使海缆受损概率降低。当海缆制造长度很长时，海缆船和大型的驳船就可以胜任海缆的装载任务。海缆船可以直接驶往海缆贮存地或海缆制造厂，停靠在具有专门传送海缆设备的码头上，利用工厂中的导缆滑轮组把海缆装载到海缆船上。导缆滑轮每间隔 3~5m 安装一个，在转角处须安装转角导轮，在海缆绞车或拉缆机的牵引下，通过导缆滑轮组装入海缆仓内。

海缆安装完毕后，应将存放海缆的舱室用盖板盖住，但海缆两端头留在外面，以便于测试。在船只航行到目的地的整个期间，每天都要组织人员对海缆进行检查，以预防海缆偶然损坏的可能性。海缆运输过程中要防止阳光的直接曝晒，且应使海缆始终处于技术条件所允许的温度范围之内，否则应采取相应措施。

2. 陆上运输

相对于水上运输而言，陆上运输具有快捷、方便、适应能力强、不受地域限

制等特点。利用载重平板汽车运输海缆的方法比较简单，先将海缆成椭圆形装盘绕在平板车上，海缆内圈的弯曲半径不小于规定值，并按顺时针方向盘绕。海缆装完后应用粗麻绳妥善固定，以防止在路上散乱。由于海底光缆的制造长度很长，所以必须要求载重汽车有较大的额定载重量，并且还应具备较大容积的车厢。

4.3　清扫海区

在施工准备阶段，建设单位应同地方政府相关部门协调办理妨碍海上作业的网具、养殖设施等拆迁、清理及赔偿事宜，并形成书面协议，对清理时间和要求加以限定，这样有法律效力且比较规范，不要心存侥幸，拖而不办，免得海上施工时产生延误或造成其他麻烦和损失。必要时要对海上拆迁、清障进行现场监督，准确掌握海区清障情况。

然后根据海区实际，沿预设路由实施适合宽度的拖锚扫海，经验是越靠近路由中线，越应加密。扫海时要根据电子秤张力，只要张力增加，最好及时停船，收锚将挂起物全部收回或倾卸到远离路由的适当海区，避免一锚拖到头，张力增加也不起锚，致使钩挂物脱锚继续遗留海底，形式上扫海了，但起不到很好的扫海作用。当然，扫海总宽度和扫线间距，应视路由海区深度、导航设备精度、船只航行控制能力和海底废弃物多少等因素决定。如是以前的养殖区或定址网区就应加密扫海。图4-6为四爪锚拖底扫海。

图 4-6　四爪锚拖底扫海

施工前需要预先清除路由沿途的养殖区、张网、渔网等水面障碍物，进行扫海。

扫海主要解决影响施工顺利进行的旧有废弃缆线和插网、渔网等小型障碍物。图4-7为扫海清理废弃物。采用锚艇及拖船尾系扫海工具，沿设计路由往返

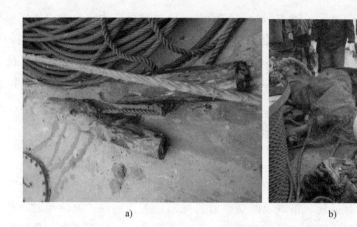

图 4-7　扫海清理废弃物

扫海。该路由海域存在养殖区及废弃海缆，扫海工作中必须彻底清除。废弃的海缆拖移至路由两侧 200m 以外，避免对新建光缆造成损害。

扫海的路由导航采用 DGPS 系统进行定位，沿路由轴线进行，轴线两侧 50～100m。

清扫海区的内容和要求包括：

1) 根据工程设计要求和路由勘测资料，用海缆船或其他船只拖带扫海锚对路由两侧各 50～100m 范围进行不少于两次的扫海，清除路由上废弃线、缆和障碍物；

2) 了解路由海底地质及海面渔网、水产养殖等情况并及时做好定位和记录。

第 **5** 章

海缆的敷设施工

本章 5.1 节首先介绍海缆敷设的基本分类、基本要求、控制方法和常用的敷设设备，其中重点介绍海缆敷设的控制方法，包括定余量控制和定张量控制。5.2 节介绍液压鼓轮电缆机铺设海缆施工和电动鼓轮电缆机系统；液压鼓轮电缆机铺设施工重点介绍了其系统的组成和作用、机械部分、液压系统、电控系统、操作使用与注意事项；电动鼓轮电缆机系统主要介绍其工作性能、控制系统、液压传动轮胎式拉缆机、使用注意事项、维护与维修。5.3 节介绍直线式布缆机铺设海缆施工，具体介绍履带式布缆机系统的组成与作用、机械部分、液压系统、电控系统、船对地测速装置、操作使用与注意事项。

海底光缆通信线路通常采用表面敷设和埋设两种铺设方式。

1）在浅海大陆架，水深在 200m 以内的适合埋设作业的海区应采用埋设方式。海底光缆的埋设深度应根据工程的具体要求、海底光缆需要保护的程度和海底的地质情况等确定，一般不小于 1.5m。

2）水深大于 200m 或不适宜埋设的海域可采用表面敷设方式。

3）登陆段海底光缆通常应埋设，埋深不小于 1.2m，不具备埋设条件的，采用混凝土封固或其他方式保护。

5.1 海缆敷设要求

海缆敷设是整个工程的关键，主要应用于深海环境施工，务必做到精心设计、精心施工、周密计划、严密组织，选择合适的气象条件施工，保证万无一失。

5.1.1 海缆敷设的基本分类

按照敷设内容分类：机械敷设、电气敷设。

机械敷设的任务就是要把线路设备（海缆、接头盒或中继器）敷设在所选定的路由上。其具体内容有海缆登陆作业、海缆及中继器的敷设和埋设，以及浅海非埋设区和岸滩海缆的保护作业。

电气敷设的任务是将海缆系统的传输特性调整到最佳状态,其内容包括敷设中对海缆、中继器电气、光学特性的检查、测试等。

按照海缆船作业方式:船尾敷设、船首敷设。

船尾敷设:带中继器(增音机)的长距离海缆敷设或埋设,通常均在船尾部作业。

船首敷设:不带中继器(增音机)的海缆或者修理中的海缆敷设,适宜在船首部进行;新型布缆船已改为船尾作业。

按照敷设距离分类:长距离敷设、短距离敷设,其中长距离敷设难度较大。

长距离敷设海上作业的时间长,气象要求高;要求船只有精确的导航定位设备;长距离敷设常常有中继器,施工难度增大,海缆装载量大,船只吃水深,海缆登陆距岸较远,使登陆作业增加困难。

5.1.2 海缆敷设的基本要求

总体要求:把海缆和设备能够完好地敷设在海底,确保海缆和中继器的机械、电气、光学性能不受到任何损伤;要把敷设中和敷设后海缆可能发生的故障压缩到最小限度;海缆和中继器沉到海底后,不应存有较大的残余张力,同时也要避免余量过多使海缆成圈的敷设在海底;施工应选择较好的天气条件,一般要求在五级风以下,海面轻浪的海况下进行作业,但在特殊情况下,风浪较大也得敷设时,须指定有经验业务熟练的人员进行操作。具体表现为以下几点:

1)海底光缆敷、埋设的位置与路由调查确定的最佳路由的偏差应满足以下要求:

① 水深大于 1 000m,偏差不大于±100m;

② 水深大于 100m 小于 1 000m,偏差不大于±30m;

③ 水深大于 20m 小于 100m,偏差不大于±10m;

④ 水深小于 20m,偏差不大于±5m。

2)在敷设施工前进行路由拖锚扫海,清除障碍。

3)敷设余量按水深和海底坡度的变化而调整,防止海底光缆在海底出现悬空(见图 5-1)或成圈。

4)敷设过程中海底光缆的弯曲半径不小于其允许值,敷设张力不得大于光缆的短暂拉伸负荷。

5)对于有中继海底光缆,应每天、和在每一个光放大器/光中继器/海底分支单元施工以及在每一次接续后,进行直流电压电流特性和绝缘电阻测试,在条件允许时,宜进行 C-OTDR 测试,并记录测试结果。

6)对于无中继海底光缆,应每天、和在海底分支单元施工后以及在每一次接续后,进行 OTDR 和绝缘电阻测试,并记录测试结果。

7）敷设过程中必须准确标绘记录光缆的敷设位置和各种敷设数据。

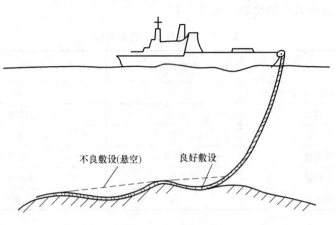

图 5-1　敷设情况

5.1.3　海缆敷设的控制

海缆敷设的控制方法主要有两种：定余量控制和定张力控制。

1. 定余量控制

布缆的实际长度 L 大于敷设路由长度 l，这个多余的海缆长度对于路由长度的百分率称为敷设余量。

敷设余量的控制过去是通过钢丝测速装置完成的，即在布缆的同时，放出直径为 7mm 钢丝，以此测量布缆船的对地速度作为对比信息，从而控制布缆机的运转速度。布缆机将自动跟踪测量钢丝，使敷设余量保持为规定值。现在的布缆船上都采用 DGPS 测量船只对地速度。

敷设余量的多少是根据海底坡度、船速及海缆的型号等因素确定。

过大的余量是不经济的，甚至造成海缆成圈地敷在海底，容易被渔捞工具挂到，也会在打捞海缆时，成圈的海缆将会被拉成扭结，使海缆损坏。

余量过小，日后打捞时，张力较大，并可能发生部分海缆在海底悬空，并且使海缆处于应力腐蚀状态。

通常布缆余量随水深、海底坡度的变化而变动于 1%~5%之间。

2. 定张力控制

按照敷设海区水深及海缆在水中的重量，计算出海缆敷设的张力作为布缆控制的依据，布缆时观察测力计显示的张力值，调整布缆机械的制动力，达到定张力布缆控制。

理想的张力情况应是海缆到达海底接地点张力等于零。

则船上的海缆张力大体上等于海缆在接地点的水深乘以海缆的水中重量。

布缆张力的确定，再加上 200kg 作为测力计控制张力。

3. 两种控制方式的比较（见表 5-1）

表 5-1　两种控制方式的比较

控制方法 对比项目	定余量控制	定张力控制
海缆敷设在海底的适应性	好	差
适应海区	深海	浅海
经济性	差	好
布缆方式	敷设	埋设
张力特征	落地点为零	>200kg
打捞维修	易	难

5.1.4　常用的敷设设备

1. 鼓轮式布缆设备

（1）液压鼓轮电缆机

液压鼓轮电缆机系统由鼓轮机、海缆反向辅助收紧装置（拉缆机）、液压动力系统、对地测速装置、测力计、机侧控制台、总控制台、分指示器、自动余量数字显示仪等组成。除海缆收紧装置和机侧控制台外，其他与履带布缆机的设备大体相同，且共用一套对地测速装置和自动数字显示仪。鼓轮电缆机不仅与池、水、气、电四个系统相联系，还与进行操纵所必需的控制机构和检测仪表，组成一个复杂的自动控制系统。

（2）电动鼓轮电缆机

电动鼓轮电缆机是为 890 型海缆维修船设计制造的，是一种双鼓轮电动悬臂式的布缆机。采用变流机组（F-D）调速系统和 ZCA 系列半导体调速装置进行控制。直流电动机通过二档齿轮减速箱驱动大鼓轮工作，配有水冷带式气动遥控制动装置，并在机侧装有手动制动手轮。双鼓轮前后都装有双面排缆刀。在鼓轮后部装有液压传动轮胎式拉缆机，前部装有压磁式电子秤测力计及测速、计长等检测仪器，从而组成一个完整的海缆敷设和打捞控制系统，完全可以满足 890 型海缆船执行海缆敷设和维修工程的要求。

2. 直线型布缆设备

履带布缆机是由上下两条张紧的履带构成的直线型布缆机。可用于海缆船敷设带中继器的海缆。

该系统适宜敷设直径为 27~100mm 有铠、无铠海缆和直径小于 300mm 的软、硬式中继器，并具有海缆自动定余量敷设、定张力敷设和带中继器的海缆自动敷设功能。当将布缆机反向运转，也可在浅海区回收少量海缆，但因回收海缆往往会带来部分海水和海泥，对履带、气缸等机件污染严重，所以一般不用其进行捞缆作业。

航速在 0~6kn 的情况下，可按照规定的余量、张力敷设海缆。

对于铠装海缆，履带机工作水深一般在 500m 以内，以海缆在水中重量不大于 2 000kg 为限度；对于在水中重量较轻的无铠海缆，也可以在更深的海域中布缆。

轮胎式布缆机系统是又一直线型海缆敷设系统，由上下压紧的多对轮胎构成的直线型布缆机。

5.2　鼓轮电缆机铺设海缆施工

5.2.1　液压鼓轮电缆机铺设施工

1. 液压鼓轮电缆机系统的组成和作用

（1）液压鼓轮电缆机的型号

液压鼓轮电缆机的命名方式与履带布缆机相同，其型号表示的意义如下：

G——鼓轮；D——电缆；20——拉力 20t；6——速度 6kn。

（2）系统的组成和作用

GD-20-6 型液压鼓轮电缆机系统由鼓轮机、海缆反向辅助收紧装置（拉缆机）、液压动力系统、对地测速装置、测力计、机侧控制台、总控制台、分指示器、自动余量数字显示仪等组成，如图 5-2 所示。除海缆收紧装置和机侧控制台外，其他与履带布缆机的设备大体相同，且共用一套对地测速装置和自动数字显示仪。鼓轮电缆机不仅与油、水、气、电四个系统相联系，还与进行操纵所必需的控制机构和检测仪表，组成一个复杂的自动控制系统。鼓轮电缆机系统专供海缆作业船敷设和打捞海缆以及收放绳索之用。它可在六种工作情况下作业：慢档起缆、中档起缆、快档定余量无反馈布缆、快档定余量电网吸收反馈布缆、快档定张力溢流发热吸收反馈布缆，以及人工调速收、布缆。

六种作业状况都可在总控制台集中控制。它装有主油泵、补油泵的起动和停车按钮及各泵运行指示灯；直接操作液压系统各电磁阀件的制动操作开关；人工调速、定余量布缆、定张力布缆、自调功率收缆和制动操作开关及给定的自调节装置；显示海缆张力、速度、里程，钢丝的速度、里程的仪表；指示主泵电流及伺服电动机电流、电压，主泵伺服杆行程，主泵、补油泵、控制泵工作压力和远程调压阀等仪表；钢丝自校调速装置及履带机分指示器；断钢丝、超速、超张力、飞车等告警声光信号装置。

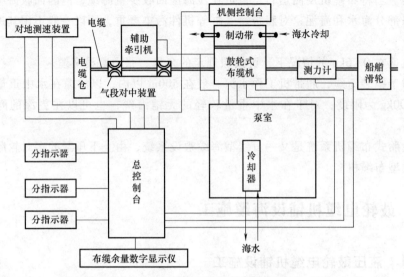

图 5-2　液压鼓轮电缆机控制系统框图

　　鼓轮电缆机可以在总控制台进行集中控制外，还可以在机侧控制台进行现场控制。分指示器和履带布缆机分指示器组合在一个仪表指示箱内，包括各种布缆参数指示电表、计长计数器和七种告警指示灯。

　　2. 鼓轮电缆机机械部分

　　（1）组成

　　直径为 2.5m 的大鼓轮、橡胶水套制动带、前后排缆刀、三档变速齿轮箱、计长发信器、测速发电机、船首测力计和反向辅助收紧装置（拉缆机）。由 ZM740 液压马达经变速齿轮箱减速后驱动大鼓轮进行收、布缆作业。

　　由于采用电动伺服变量液压传动，鼓轮电缆机具有良好的调速性能和过载保护性能，并采用电子技术进行自动控制，是比较理想的艉部布、捞缆作业机械设备。

　　（2）主要工作性能

　　1）起缆作业：打捞海缆时，最大牵引力约为 20t。为了保护海缆，可根据海缆的不同强度，按预定值限制打捞时海缆的张力（例如，某种海缆只允许承受 15t 张力时，可将电子秤的告警值调到 15t，一旦告警，可将控制台远程阀的调定压力降低）。当海缆张力达到预定值时，能自动停止起缆，并保持此张力。如果由于船舶运动而引起海缆张力继续增加，则电缆机能自动放出海缆，直到海缆张力下降到预定值时为止。这种性能特别适宜于拖带捞起海缆的捞缆锚。另外，根据布缆船作业情况，还可以手动操纵控制起缆速度。也可以根据海缆仓作业情况，给定一个起缆速度，进行自动恒功率起缆。当海缆张力较大而引起主泵电动机过载时，能自动减速；反之如果海缆张力减小，则能自动增速，直到恢复到原给定功率值的相应张力时为止。

使用慢档起缆时，最大牵引力为20t，对应起缆速度在0.45kn以下。如果海缆张力较小，则可转换到中档以提高起缆速度，此时最大起缆速度为2.9kn，对应牵引力在3.4t以下。

2）布缆作业：布放海缆时，一般均使用快档，其最大布缆速度约为6.5kn。

鼓轮布缆机一般只担负浅海短距离布缆。根据实际作业的经验，近岸海底较平坦的浅海区宜采用低张力布缆，尽量减少余量和海缆松弛度，以减少渔捞作业损坏海缆。当需要定余量布缆（即布放海缆的同时布放钢丝）时，先配合船速进行手调布缆，直至钢丝测速发电机电压稳定后，即按路由设计所确定的余量转入自动定余量布缆。控制台根据钢丝测速装置测量船对地速度 V_s 和自动控制布缆速度 V_L，使缆速略大于船速而保持预定余量 $(V_L-V_s)/V_s$。本机余量控制范围为0~14%，每500~1 000m平均速度控制准确度为±0.5%。当断钢丝使船速信号中断时，可转换手动操纵布缆，保持原航速和缆速。同时尽快重新布放钢丝，恢复自动定余量布缆。当定余量布缆缆速为6.5kn时，则反馈张力应在2.8t以下，速度较低时，反馈张力可以相应提高。因此定余量布缆时，当电子秤读数超过2.8t时，总控制台应注意主泵电流，如果电流超过104A，则应适当降低船速，使布缆机随之自动降速，从而使主泵排量减少，反馈电流降低。但是反馈张力限于主泵电动机功率，只能到5.2t，其对应油压为21MPa，对应速度为3.3kn。

不需要余量，或布放余量有困难时，可以采用定张力布缆作业。此时应只开补油泵而不开主泵，利用远程调压阀调节背压控制布缆张力，使溢流发热来吸收海缆自重的反馈能量，同时应注意液压油的冷却。不论布缆速度为多少，可以维持海缆张力一定，其最大张力到5.2t。

在出现故障的应急情况下，可以使用制动布缆，此时张力较大、稳定性较差，且应特别注意制动带的冷却。

3）其他性能：在低速情况下，手动操纵控制可以通过长为1 200mm、直径为300mm的中继器。一般的情况在总控制台集中控制和操纵，必要时（如低速通过中继器）亦可在机侧控制台操纵。

4）性能参数：鼓轮电缆机工作性能参数见表5-2，不同工况下的牵引力和牵引速度见表5-3。

（3）主要部件说明

1）鼓轮机：鼓轮机采用ZM740摆缸式轴向柱塞定量液压马达为动力，其转矩与油压成正比，转速取决于变量泵的单转排量。布放电缆有反馈时，ZM740马达自行转变为油泵，其制动扭矩仍然与油压成正比，转速取决于变量泵的单转排量。

表 5-2 鼓轮电缆机工作性能参数

鼓轮直径/m	2.5	最大电功率/kW	收缆	75
鼓轮宽度/m	0.8		布缆	65
制动带宽/m	0.35	制动力/t		25
最大拉力/t	20	拉缆机拉力/kg		100~400
布缆速度/kn	0~6.5	制动油压/(kgf/cm²) (或 kPa)		25 (约 2 500)

表 5-3 不同工况下的牵引力和牵引速度

工 况	功率/kW	牵引力/t	牵引速度/kn
慢档起缆	3.5	19.6	0.46
		7.029	1.3
中档起缆		9.3	1
		2.9	—
快档布缆 (定余量,无反馈)	≤45.3	3.6	2.2
		0.996	6
快档布缆(定余量, 电网吸收反馈)	≤79.74	5.2	3.3
		2.8	6.5
快档布缆(定余量, 溢流发热吸收反馈)		$P \leq 5.17t$ $V \leq 6.5kn$	

　　三级三速变速齿轮箱由液压马达带动。变换档位时,由换档位手轮带动凸轮盘旋转,使拨叉横向移动。换档销分别插在 Ⅰ 、Ⅱ 或 Ⅲ 插销眼时,拨叉带动内齿离合齿圈分别与 180/40 齿轮组,149/71 齿轮组或 107/113 齿轮组啮合,对应为慢速、中速或快速档。另外,在其他的插销眼位时均为空档。为了避免动力冲击,不允许开车换档,只可以在停车或制动状态下换档。鼓轮直径为 2.5m,宽为 0.8m 另加上 0.35m 的附加面,石棉制动片固定在 0.35m 宽鼓轮面上,制动钢带上有橡胶水套。在应急状态下,使用制动布缆时,可通过海水降温冷却。制动带包角约 280°,制动动作受总控制台或机侧控制台的控制。制动油缸的活塞直径为 125mm,行程为 200mm,制动力约 25t,油压为 0~2.5MPa,可用进行减压阀调节。

　　为了向总控制台发出布缆机跟踪船速的反馈讯号,利用变速箱第三轴上的一个的齿轮,带动测速发电机和计长发信器(与履带机同)。由于海缆的长度是由大鼓轮带动海缆运转时测量的,所以不仅决定于鼓轮直径,也与海缆本身直径大小有关。计长器显示为 1m 时精确的海缆长度 L 见表 5-4。

表 5-4　各种直径的海缆所对应的精确计长

海缆直径 D/mm	30	35	40	50	60	70	80
海缆长度 L/mm	0.998 6	1.000 6	1.002 6	1.006 5	1.010 5	1.014 4	1.018 4

布放直径大于 40mm 的海缆,计长和余量都应按上表修正。例如布放 d = 70mm 的海缆,仪表显示海缆长度为 10 000m,则实际为 10 144m。仪表显示余量为 2%。则实际余量为 (102×1.014 4-100)% = 3.46%。

2)排缆刀:大鼓轮下前后有两座排缆装置,称为排缆刀。当鼓轮转动时,排缆刀推动海缆在鼓轮上横向移动,这样可以保证海缆连续进入鼓轮而不会重叠。为了配合通过中继器,刀架可以手动操纵横向或纵向移动。移动行程为横向 500mm、纵向 450mm。后续船改为双面排缆刀,刀形如梭形,中心轴装在刀架上,可以 360°旋转,排缆时可自动调整排缆角度。

3)辅助牵引机:采用一对 SZM0.25 液压马达直接驱动一对上下布置的轮胎,作为鼓轮的反向牵引装置,以防止海缆在鼓轮上打滑。反向张力 T_0 与鼓轮牵引力 T 的关系是 $T \le T_0 e f \alpha$,式中:f 为海缆与鼓轮的摩擦系数,有铠海缆 f = 0.3,无铠海缆 f = 0.24;α 为海缆在鼓轮上的包角,盘三圈时 α = 6π;T_0 与牵引泵油压成正比,当油压为 16.8MPa 时,T_0 = 416kg 左右。牵引机下轮胎在机架上固定,上轮胎连同液压马达可绕支点转动,靠液压油缸压在下轮胎上,压紧力可通过减压阀调整。手动操纵换向阀可使轮胎张开 320mm,轮胎前后有气动对中装置,可以使海缆对准轮胎中心。对中装置靠气缸压紧,同样也有手操换向阀,可以张开 320mm。整台牵引机可以横向移动,行程约 550mm。轮胎直径为 535mm,宽为 160mm,充气压力约 0.3MPa。

4)测力计:船首测力计结构和原理与履带机测力计相同,是半径为 1.5m 的圆弧拱桥结构,一端由轴承支持,中心部位压在 BHR-4 型 2t 荷重传感器上。为适应船艉收布缆要求,和辅助牵引机一样可以左右移动,行程为 550mm。

3. 鼓轮电缆机的液压系统

GD-20-6 型鼓轮电缆机由于要有不小于 20t 拉力的捞缆能力,能进行张力 5t、布缆速度 6.5kn 以内的布缆工作,并可以满足定余量和定张力布设海缆的要求,因此鼓轮机液压系统比履带布缆机液压系统复杂得多,采用闭式循环系统。下面分五个部分对鼓轮电缆机的液压系统进行介绍。

(1)油路控制系统

油路控制系统原理图如图 5-3 所示。控制泵 1 受压力继电器 2 的控制,当系统压力升到 2.5MPa 时,控制泵电动机停止工作,当系统压力降到 2MPa 时,控制泵电动机重新起动,另外还可以自动保持控制系统的压力在 2~2.5MPa 之间。溢流阀 3 的溢流调压为 2.7MPa,但一般不溢流,只起安全保护作用。在泵停转

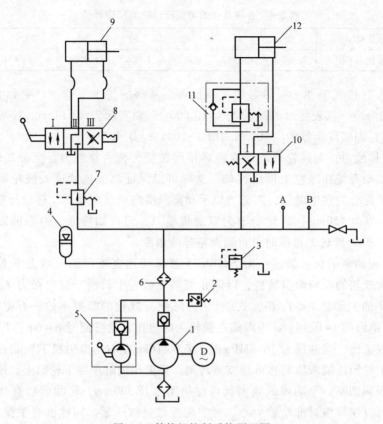

图 5-3 鼓轮机控制系统原理图

1—控制泵 2—压力继电器 3—溢流阀 4—蓄能器 5—手摇泵 6—精滤油器
7—减压阀 8—手动三位四通换向阀 9—轮胎压紧液压缸
10—二位四通电磁换向阀 11—减压阀 12—制动液压缸

期间，由活塞式蓄能器 4 向系统供油，蓄能器的气体容量为 16L，充气压力
为 1.8MPa。

为了保证有效进行控制，另有一台手摇泵 5 与泵 1 并联，作为应急控制泵。
两泵供油经精滤油器 6 进入系统，滤油器准确度为 20μm。

控制系统有以下四个方面作用：

1）液压油经减压阀 7，手动三位四通换向阀 8 至轮胎压紧液压缸 9，通过减
压阀 7 调整的二次油压，可以使辅助牵引机上下轮胎有一定的压力，既能保证海
缆与轮胎不打滑，又不致因压力过大而损坏海缆。当牵引铠装海缆时，可以不必
减压。换向阀 8 在位置 I 时，两轮胎压紧；在位置 III 时，两轮胎张开；在位置 II
时，上轮胎因重力压在下轮胎上；而中继器通过时可将换向阀放在位置 II。

2）液压油经二位四通电磁换向阀 10，减压阀 11 到鼓轮机制动液压缸 12。

换向阀 10 在通电时刹紧, 断电时松开制动, 制动动作通过电气线路在总控制台或机侧控制台操作。在一般制动时, 减压阀 11 不必减压。在使用制动布缆时, 可以通过减压阀 11 调节制动液压缸的进油压力, 从而调节制动力的大小, 使海缆张力受到控制。

3) 图 5-4 中的 A 点给主泵 22 的变量伺服机构供油。当伺服机构的伺服阀被力矩电动机或手操带动时, 与主泵缸体连接的活塞在控制油压的作用下, 跟随伺

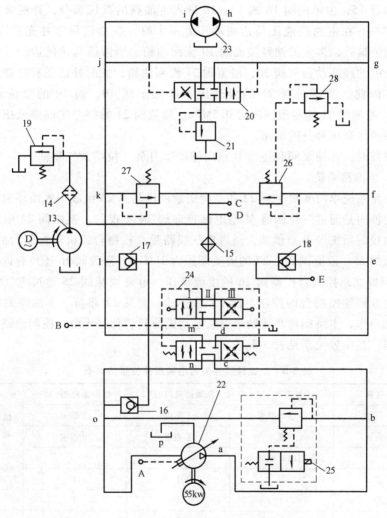

图 5-4 鼓轮机液压传动原理图

13—补油齿轮泵 14—纸滤器 15—冷却器 16~18—单向阀 19—溢流阀

20—电液二位四通阀 21—溢流阀 22—轴向柱塞油泵 23—轴向柱塞马达 24—电液三位

四通换向器 25—电磁溢流阀 26、27—溢流阀 28—远程调压阀

注: 此图的引注编码顺承图 5-3, 从 "13" 编起。

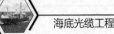

服阀运动，使缸体在 0°~25°之间摆动，主泵排量为 0~481mL/r，控制油压保持在 2MPa 左右。

4）图 5-4 中的 B 点给三位四通 M 型电液换向阀 24 的电磁先导阀供油。主阀芯在控制油压作用下，实现换向动作。

（2）补油系统

鼓轮机液压传动原理图如图 5-4 所示。补油泵 13 输出的压力油经过精滤器 14，冷却器 15，由单向阀 16 或 17、18 进入主油路的低压部分，补油泵流量为主泵的 27%。在主油路液压马达两边压差不大时，补油流量除补充液压马达、主泵泄漏流量外，多余的油经溢流阀 19 流回油箱。当液压马达两边的压差较大时，多余的油经液动换向阀 20，溢流阀 21 流回油箱，此时补油还有冷却主油路的作用。因此，调试时阀 21 的溢流压力应低于阀 19，阀 19 的溢流调压为 0.7MPa，溢流阀 21 的溢流调压为 0.5MPa。溢流阀 21 始终与主油路低压部分接通，堵塞通往高压部分的油路。

在收缆时，补油泵同时还经 D 点向辅助牵引泵（拉缆泵）供油。

（3）主油路系统

主油路系统单向变量主泵 22 和双向定量液压马达 23 组成闭式循环油路。液压马达的换向是通过三位四通 M 型电液换向阀 24 实现的。换向阀 24 中的电磁先导阀由控制系统经 B 点供油，通过电气线路受总控制台或机侧控制台的控制。电磁溢流阀 25、溢流阀 26、27 的溢流调压为 21MPa，溢流阀 26 还装有远程调压阀 28，可以在总控制台控制阀 26 的溢流调压。电磁溢流阀 25 通过电气线路受总控制台或机侧控制台的控制。阀 25 通电时，主泵 22 卸荷。主油路的换向动作，制动动作，主泵卸荷及辅助牵引泵电动机的起动和停止由总控制台或机侧控制台控制。其位置关系见表 5-5。

表 5-5　工况转换开关与电磁阀件位置关系表

阀件名称	主换向阀（24）	制动换向阀（10）	电磁溢流阀（25）	辅助牵引泵电动机
阀件位置	Ⅰ左电磁铁通电	Ⅰ断电	Ⅰ断电	
转换位置	Ⅱ断电	Ⅱ通电	Ⅱ通电	
	Ⅲ右电磁铁通电			
停止	Ⅱ	Ⅰ	Ⅰ	停止
收缆	Ⅰ	Ⅰ	Ⅰ	运转
收缆制动	Ⅰ	Ⅱ	Ⅱ	停止
放缆	Ⅲ	Ⅰ	Ⅰ	停止
放缆制动	Ⅲ	Ⅱ	Ⅱ	停止

在制动时，阀 10 直接通电，阀 25 经延时继电器延时 3s 通电，保证在制动

有效之后主泵卸荷。

鼓轮布缆机有慢档收缆、中档收缆、快档放缆（无反馈、电网吸收反馈能量、溢流吸收反馈能量）、制动放缆等六种工况。各种工况下"工况转换"开关位置、变速齿轮箱变档位置、补油泵和主泵运转情况见表5-6。

表 5-6　各种工况下操作情况表

工况	工况转换开关位置	变速齿轮箱档位	补油泵	主泵
慢档收缆	收缆	Ⅰ（慢档）	停止	运转
中档收缆		Ⅱ（中档）		
快档放缆（无反馈）	放缆	Ⅲ（中档）		
快档放缆（电网吸收反馈能量）				
快档放缆（溢流发热吸收反馈）	停止			
制动布缆	放缆制动	空档		停止

注：各种工况下控制泵都是自动控制运转。

1）收缆作业：收缆作业时，换向阀24在位置Ⅰ，主泵22输出的液压油经a、b、c、d、e、f、g、h到液压马达23，推动鼓轮收缆。回油经i到j后一小部分经换向阀20、溢流21回到油箱，大部分油经k到l点，并在l处加入从单向阀17补充进来的低压油后经m、n、o、p回到主泵进油口。当主泵排量在0～481mL/r之间变动时，鼓轮转速可以无级调速。因主泵的输入功率（电动机功率）只有55kW，主油路系统的压力和流量不能同时达到最大值。事实上，在捞缆作业时，也不需要同时达到最大值。

当液压马达23进口油压达21MPa时，鼓轮的最大拉力为19.654t（慢档）或9.259t（中档）。这时压力油从阀26溢流，经冷却器15、单向阀17、换向阀24回主泵进口。液压马达23自行停转维持此拉力，或者液压马达自行反转变收缆为放缆。

2）定余量布缆：定余量布缆时，换向阀24在位置Ⅲ，变速箱在快档。如果海区较浅。海缆在海中的自重所产生的拉力小于船上布放海缆各项阻力之和，则靠液压马达推动鼓轮布缆。此时主泵22输出压力油经a、b、c、m、l、k、j、i到液压马达23。回油经h到g后一小部分经换向阀20、溢流阀21回油箱，大部分油在g、f、e处加补油后经d、n、o、p回到主泵22进油口，这时主油路系统除液压马达转向改变外，其他和收缆相似。

当总控制台根据预定余量自动操纵主泵22的变量伺服机构使排量在0～481mL/r之间变动时，鼓轮转速就可以无级变速进行调整以确保海缆余量符合要求。同样，系统的压力和流量不能同时达到最大值。

如果海区较深，海缆在海中的自重所产生的拉力，大于船上布缆时海缆所受各项阻力之和，则由于能量反馈，液压马达 23 自行转变为定量泵，而主泵 22 转变为变量马达，推动主泵电机向电网供电。这时液压马达 23 输出的压力油自 h、g、f、e、d、n、o、p 到主泵 22。回油从 a、b、c、m、l 加入补油后到 j，一小部分由换向阀 20、溢流阀 21 回油箱，大部分经 j、i 回到液压马达 23 的进油口。当主泵电机向电网供电时，其转速稳定在 1 030r/min 左右。总控制台同样可以通过操纵主泵 22 的变量伺服机构来控制鼓轮转速，使布缆余量符合要求。同样，压力和流量不能同时达到最大值。

当流量为最大时，鼓轮机牵引速度可达 8kn，但由于各种仪表和实际布缆的需要，不允许布缆速度达到 8kn。故有反馈时，变量泵排量应小于 481mL/r，最大速度限制在 6.5kn。

3）定张力布缆：定张力布缆时，换向阀 24 在位置Ⅱ，变速箱在快档。海缆通过鼓轮拖动液压马达 23 运转。液压马达 23 变成定量泵，输出的压力油经 h、g、f 到溢流阀 26，溢流降压后和补油一起经冷却器 15、单向阀 17、l、k 到 j，一小部分油经换向阀 20、溢流阀 21 回油箱，大部分油经 j、i 回到液压马达 23 进油口。此时布缆反馈能量由溢流阀 26 变成热能被冷却器 15 吸收。

在总控制台通过远程调压阀 28 调节溢流阀 26 的溢流调压，就可以控制布缆张力，此张力可由测力计测定。

定张力布缆时，流量和压力允许同时达到最大值，但要求布缆速度不能超过 6.5kn，且当油温过高时，应采取冷却措施。

（4）辅助牵引机液压系统

辅助牵引机液压系统原理图（见图 5-5）。收缆作业时，起动辅助牵引泵 29，此定量泵（有的船改用变量泵，但使用时仍将流量调定后固定不变）输出的压力油经单向阀 30，一部分至两个液压马达 31，推动轮运转，轮胎与鼓轮通过海缆的机械连接而保持线速度一致。多余的压力油经溢流阀 32 回到泵 29 的进油口，溢流阀 32 的溢流调压为 16.5MPa。回油经冷却器 15 到泵 29 的进油口。

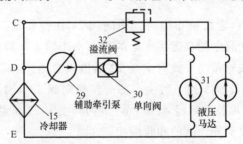

图 5-5　辅助牵引机液压系统原理图

注：此图的引注编码顺承图 5-3 和图 5-4，从"29"编起。

布缆作业时，泵 29 停止工作，液压马达 31 通过轮胎和海缆被鼓轮拖动变成油泵打油，排出的压力油经溢流阀 32、冷却器 15 回到液压马达 31。溢流阀 32 的溢流调压为 12MPa。

实际上作业时，并不总需要很大的辅助牵引力。在一般情况下，溢流阀 32 的溢流调压收缆时为 8MPa，放缆时为 3MPa，不够时则根据需要调高。

后续船为便于机侧控制台集中控制，在系统内增设了流量调速阀，并对溢流阀 32 在机侧控制台加装了远程控制阀，可随时根据需要调整溢流压力，给操纵提供了方便。还增设了电磁二位四通换向阀，可通过机侧控制台拉进拉出钮子开关控制方向，必要时还可作拉缆机用。

（5）鼓轮电缆机的冷却系统

鼓轮布缆机冷却系统包括主油路系统冷却器、滑油冷却系统和制动带冷却三部分，以及各种供水管路和阀件。

鼓轮电缆机由于拉力大、消耗功率大、工作压力高，系统油温很容易升高。特别是当定张力布缆时，高压油需通过节流发热来消耗反馈回来的功率，往往会使油温很快上升。如不采取冷却措施，就会因油温过高而影响系统的正常工作。所以，在主油路系统内装有一排管式冷却器，并与船上的海水供水管路接通。当油温过高时，可以打开海水阀放水冷却。

此外，齿轮变速箱的滑油冷却虽然可以利用壳体的良好散热效果，但长时间使用时，油温仍可能升高，所以装有滑油冷却系统。本系统由冷却泵、滤油器、蛇管式冷却器（与海水管路接通）、滑油喷管等组成。油温升高时，可起动冷却泵，对滑油进行循环式冷却，并打开蛇管式冷却器的海水阀放水降温。

当采用制动布缆时，为防止制动带发热，在制动带上装有橡胶水套，并与海水管路接通。但在进行放水冷却时，必须先开出水阀，后开进水阀，防止压力过高损坏水套。

对液压系统和滑油系统冷却时，应保持油压高于水压，以防止海水渗入油路系统。当使用冷却系统后，应对该系统的海水通路用淡水冲洗，特别是制动带，以防止腐蚀设备。

4. 鼓轮电缆机的电控系统

GD-20-6 型鼓轮电缆机的电控系统与履带布缆机的电控系统基本相同，但考虑到鼓轮机的主要任务是打捞海缆，且需要有较大的牵引力，因此在设备的选用上有所不同，其主要功能及用途如下：

1）液压系统各油泵的电力拖动装置用以操作各电动机的运行；

2）电缆机可进行收、放缆操作及人工调速，收、放缆可在 0~6.5kn 速度范围内无级调速；

3）电缆机的收、放缆自动调节用以完成自动收缆特性的控制；放缆自动调节为速度随动控制，用以完成定余量布缆；

4）液控远程调压阀用以进行定张力布缆控制；

5）测量指示系统对电缆机在运行中的各种技术工作参数和量值进行测量显示；

6）声光报警及保护装置。

下面仅对与履带机不同的部分，如系统组成、电力拖动装置、布缆机的随动控制、收缆特性的自动调节等作介绍。

（1）电控系统组成

鼓轮电缆机的电控系统框图如图5-6所示，是一个包括上述六种功能的复杂系统。

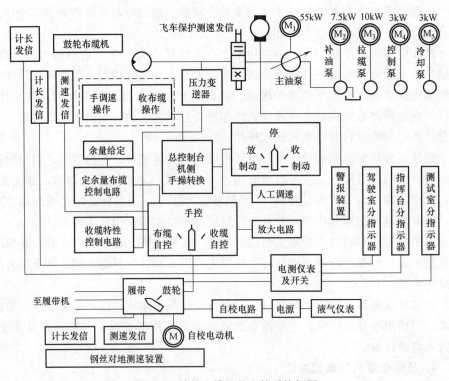

图5-6　鼓轮电缆机的电控系统框图

（2）液压系统的电力拖动装置

液压系统的主油泵、补油泵、拉缆机油泵、控制泵及冷却泵（即齿轮箱滑油冷却系统）的异步电动机及磁力起动器共五个机组的设备，根据液力拖动的要求，主油泵及拉缆机油泵均受补油泵的联锁，拉缆机油泵可以在泵室直接起动、停车，也可以与电缆机联动，即"工况转换"开关置于收缆位置时，拉缆泵自动起动；置于制动和放缆位置时，拉缆泵停车。在拉缆泵起动箱上设有手动-自动控制钮子开关，通过该钮子开关，可以选择拉缆泵的手动或联动工况。

控制泵装有压力继电器，可以利用按钮人工操作起动，也可以在液压 2～2.5MPa 范围内作自动控制。该泵的这两种工况也可由设在启动箱上的手动-自动钮子开关控制选择。

冷却泵实际上为滑油泵，只能在泵室起动，由泵室值班人员根据齿轮箱温升情况决定，也可以一直起动，这样可以提高齿轮箱内各零件的油路润滑效果。当采取冷却措施时，只需操纵海水阀即可。

除冷却泵外，其他各泵在总控台均设有运转指示灯。主泵、补油泵和控制泵在总控制台还设有工作压力监测表。

（3）鼓轮电缆机的随动控制

鼓轮电缆机的随动控制部分与履带机的随动控制部分基本相同，图 5-7 为鼓轮电缆机随动控制系统框图。

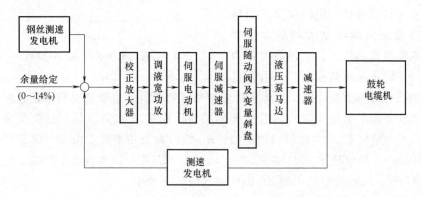

图 5-7　鼓轮电缆机随动控制系统框图

由于电缆机采用液力拖动，作为调节油泵流量的伺服杆的推力仅为数千克，而且工作速度很慢，所以伺服电动机选用的是功率小、转数低的永磁式直流力矩电动机。根据伺服电动机为直流小功率、低电压的特点选用了由线性运算放大器及晶体管组成的开关型放大电路，其框图如图 5-8 所示。

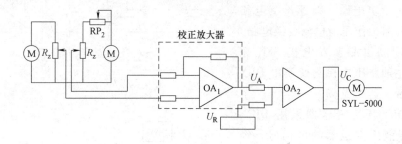

图 5-8　开关型放大电路框图

随动控制系统的准确度≤±0.5%，结合系统所能达到的稳定情况，该放大电路的总放大倍数可调定在500~550。

校正放大器的校正网络选用的是比较简单的比例调节器，它能够满足控制准确度和系统稳定的双重要求。

（4）收缆特性的自动调节

鼓轮电缆机的收缆特性具有如图5-9所示的所谓挖土机特性。其特点是电缆机运行在低转矩部分时，即主泵电动机运行在低于额定功率时，电缆机按给定恒速度进行恒速收缆，使之维持较快的作业速度。当转矩或海缆张力增大，主泵电动机达到额定功率时，电缆机的速度自动沿着一定的斜率减速，使之自动维持一定的功率。当转矩或海缆张力继续增大到最大张力时，电缆机自动堵转，超过最大张力时倒转，防止海缆被拉断。当电缆机

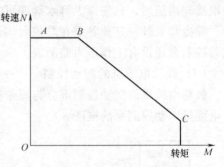

图5-9　鼓轮电缆机收缆特性曲线图

的转矩或海缆张力减小时，电缆机沿着原曲线轨道升速自动恢复到给定速度。同时要求在不同的给定缆速均具有这样的特性。图中 A 点为空载点，B 点为额定点，C 点为堵转点，AB 线段为恒速段，BC 线段为恒功率段。由于主泵额定排量为481mL/r，额定液压为21MPa，额定功率为162kW，而本机选用的拖动电动机仅为55kW，故特性曲线中的 BC 恒功率线段斜率较小。

为满足收缆特性的要求，同时又能充分利用现成的放大电路，可以仅去掉随动控制系统检测比例电路，换之以收缆特性的检测电路，就能实现自动收缆的特性。收缆检测电路如图5-10所示，包括缆速给定电路，缆速检测电路和主油路工作压力检测变换电路。缆速检测由测速发电机 SFL 完成，主油路压力检测变换由 DBY 压力变送器完成。

DBY 压力变送器采用 DBY-141型液压变送器的电信号，经负载电阻 R_y 变换成电压信号。在

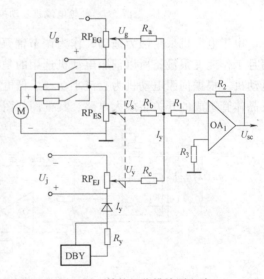

图5-10　鼓轮机收缆检测电路

主油路压力为 $0 \sim 25\text{MPa}$ 时，电压信号为 $0 \sim 15\text{V}$。U_j 为液压信号的比较电压的电源，只有当液压信号电压达到某一量值时，才能克服比较电压 U_j 而产生 I_y，否则 I_y 等于零。电路的工作原理是根据运算放大器的加法电路设计的，运算放大器的三个输入信号电压为电缆机的速度给定信号 U_g、布缆机速度反馈信号 U_s、液压信号 U_y，其极性 U_g 为负，U_s 及 U_y 均为正。运算放大器的输出电压 U_{sc} 为

$$U_{sc} = -K\left[-U_g + (U_s + U_y)\right]$$

式中　K——运算放大器的放大倍数。

选择适当的比较电压 U_j 使得只有在液压增大到特性曲线中的额定点时才产生 U_y，这样在主泵电动机的负荷小于额定功率的情况下，I_y 就等于零。当 $-U_g$ 为零时（即无给定电压），反馈信号 U_s 也为零，则 U_{sc} 为零，伺服电动机不转动。当 $-U_g$ 从零开始增加到某一量值时，U_{sc} 有电压输出，经放大后使伺服电动机转动，电缆机速度开始上升。当 U_s 等于 $-U_g$ 时，U_{sc} 为零，伺服电动机停转，电缆机自动恒定在给定的速度上运行，此时实际上为一速度恒定系统。但当海缆张力增加使主油路压力增大到使其信号电压大于比较电压 U_j 时，I_y 产生，并迫使电缆机速度沿着给定的斜率下降，从而使主泵电动机功率维持在适当的范围内。当液压继续增大到 21MPa 时，液压主油路的溢流阀开通溢流，电缆机堵转。

特性曲线上的空载点由 U_g 的电位器 RP_{EG} 决定，额定点由 U_y 的比较电压电位器 RP_{EJ} 决定，堵转点则由液压系统的溢流阀决定。而特性曲线中恒功率 BC 线段的斜率则由缆速反馈电位器 RP_{ES} 决定，BC 线段的斜率为

$$K_L = K_P / K_n$$

式中　K_P——液压变换系数（V/MPa）；

　　　K_n——转速变换系数（V/r/min）。

由此可见 BC 线段的斜率正比于 K_P，反比于 K_n，只要适当改变任一个变换系数 K_n 或 K_P 就可以得到所需的斜率。从电路上考虑改变 K_n 较为方便，所以缆速反馈电位器 RP_{ES} 即为决定 BC 线段斜率之用。因为任一缆速度具有其特有的空载点、额定点和斜率，所以 RP_{EG}、RP_{ES}、RP_{EJ} 三个电位器装置在同一个旋转轴上。

（5）电子秤加装测力表

鼓轮机选用的电子秤为 DCZ-1/01 型，采用 2 000kg 荷重传感器（电子秤工作原理见履带机电控部分），量程为 20t。由于各分指示器需要装设测力表，所以通过电子秤本身的一个比例电阻盘（即电位器）引出测力信号。另外，还需要装一个 12V 的稳压电源，其交流输入利用电子秤传感器稳压电源的变压器二次侧的 21V 端接头，且把元器件都安装在电子秤内部（履带布缆机电子秤分指示器稳压电源也采用同样的方法）。

（6）布缆余量数字显示仪

按照给定的余量精确地布放海缆，是衡量海缆布放质量的一个重要参数，因此在布放过程中需要经常进行检查。通常的检查方法是用里程计数器在同一时间内同时检查钢丝与海缆各自的布放长度（履带机和鼓轮机方法相同），这项工作必须专门有人进行负责，操作不很方便，且计数器显示字体较小，不便于指挥员观察。余量数字显示仪则可以按照一定的线段（作为检查段）自动显示余量值，且采用数码管显示，字体大，便于夜间作业观察。仪器共设了百米和千米两个检查段。余量是以海缆长度（米）与钢丝长度（米）之比值表示，正余量时大于1，负余量时小于1。仪器还可以同时累计显示钢丝长度及海缆长度，其数字位数为五位，而显示余量的字位数为四位。数码管选用 YS27 端面型荧光 8 段数码管。计数、译码、闩锁均选用 PMOS 集成块，元件少、功率小。该显示仪为鼓轮机和履带机共用，在总控制台上设有转换开关。

5. 鼓轮电缆机的操作使用注意事项

1）液压系统推荐采用 10 号航空液压油，上稠 30、上稠 40 号液压油或 20 号机械油。

2）进行操作以前检查油箱油位，如果低于液位指示器所要求液位，则应补充油液，充液时注意不要加进不同品种的液压油，也不要加进脏物和水。

3）使用中应定期检查液压油，如其水分、灰分和机械杂质。酸值超过牌号规定值或黏度变化超过原牌号规定值的±30%，应更换新油。在使用不很频繁的情况下，每两年应更换一次。

4）补充或更换油液时，应通过 120 目以上的滤油器，更换油液时应清洗油箱。

5）补油泵精滤器和控制泵精滤器都带有压差堵塞状态信号指示装置，当精滤器两端压差超过 0.3MPa 时，指示灯和警铃告警，此时应更换滤芯。如无告警，至少每年更换一次。

6）许多液压元件如泵、液压马达、阀件均系精密机械，不要随意拆检，其维护和故障排除都应参看生产厂家说明书，调压元件一经调好就不要乱动。

7）运转中发现异常升温及严重泄漏、振动、噪声时，应立即停车检查，禁止在工作的条件下进行检查和调整。

8）在进行系统调试时，泵室人员要少，并尽量避开高压管道。

9）当打开放气阀时，眼睛不要对着喷射的方向看。

10）高压系统内即使发生微小或局部的喷射现象，也应停车修理，不能直接用手去堵塞。

11）蓄能器充气后，各部分不准拆开及松动螺钉，以免发生危险。

12）正常工作油温为 10～65℃，且以 35～55℃ 更为合适。如果油温过高，可用冷却器冷却。使用时，一定要先打开冷却器海水管路出口通往舷外的截止阀，再打开海水进口截止阀,以免错误操作使冷却器承受高压而损坏。并始终保持油压略高于海水压力,以防止海水渗入油路系统。

5.2.2 电动鼓轮电缆机系统

电动鼓轮电缆机是为 890 型海缆维修船设计制造的,是一种双鼓轮电动悬臂式的布缆机。采用变流机组(F-D)调速系统和 ZCA 系列半导体调速装置进行控制。直流电动机通过二档齿轮减速箱驱动大鼓轮工作,配有水冷带式气动遥控制动装置,并在机侧装有手动制动手轮。双鼓轮前后都装有双面排缆刀。在鼓轮后部装有液压传动轮胎式拉缆机,前部装有压磁式电子秤测力计及测速、计长等检测仪器,从而组成一个完整的海缆敷设和打捞控制系统,完全可以满足 890 型海缆船执行海缆敷设和维修工程的要求。

1. 电动鼓轮电缆机的工作性能

采用变流机组供电调速的方式,每个鼓轮配一组变流机,变流机组由交流拖动电动机和直流发电机组成。交流电动机为 J02-82-H 型,其电压为 380V、功率为 40kW、转速为 1 475r/min,采用自动星形-三角形起动器控制。直流发电机为 Z2C-82 型,其电压为 230V、功率为 35kW、转速为 1 450r/min。

每个鼓轮前后各置一把双面排缆刀,供鼓轮排缆用。排缆刀移动机构为手动式转轮螺杆结构,横向行程约 410mm、纵向行程约 180mm。

本机主要采用手动操作方式进行布缆和捞缆作业,同时也考虑到了随动布缆的性能,所以在必要时也可以进行随动定余量布缆和定张力布缆。当控制系统故障时还可以通过自耦变压器进行应急布缆。鼓轮电缆机的工作性能见表 5-7。

表 5-7　鼓轮电缆机工作性能

大鼓轮	鼓轮直径	$D = 2\ 000mm$
	工作宽度	$B = 455mm$
	适用海缆直径	$d = 30 \sim 60mm$
额定捞缆	捞缆拉力(一台电动机驱动)	4t
	捞缆拉力(二台电动机驱动)	8t
	捞缆线速度	37m/min(1.2kn)
	电动机转速	750r/min
	减速箱排档	低速档
最大捞缆	最大捞缆拉力(一台电动机驱动)	5t
	最大捞缆拉力(二台电动机驱动)	10t
	电动机转速	堵转
	减速箱排档	低速档

（续）

布缆工况	布缆张力（一台电动机驱动）	0.8t
	布缆张力（二台电动机驱动）	1.6t
	布缆速度	15.4~185.2m/min（0.5~6kn）
	电动机转速	255~1 125r/min
	减速箱排档	布速<46.4m/min 用低速档， 其余用高速档
电动机	电动机型号	Z2C-92 立式船用直流电动机
	功率	30kW（连续额定）
	额定转速	750r/min
	控制方式	变流机组调速
减速箱	型式	三级螺旋三齿轮—斜悬挂 齿轮减速机构
	速比（高速档）	$i=38.97$
	速比（低速档）	$I=129.25$
	润滑冷却方式	油浴润滑　水冷机油
制动	型式	水冷带式制动器（气缸制动）
	制动力矩	$M_T=9\,000$kg·m （气压 0.5MPa）
	气动元件	气缸直径：160mm 行程：160mm
外形尺寸		3 415mm×4 874mm×2 635mm
重量		20 500kg（包括减速箱中润滑油 1 100kg,不包括电气控制设备）

2. 电动鼓轮电缆机的控制系统

（1）综合控制台

本机由设在驾驶室内的综合控制台实行集中控制。控制台包括左右鼓轮布缆机、左右拉缆机和船舷侧推装置的控制元件及各种指示灯和表头、计数器等设备。虽然鼓轮机、拉缆机、侧推装置各成独立系统，但各控制元件都集中在控制台，可由一人操作，便于指挥。在驾驶室还设有压磁式电子秤，用来检测海缆所承受的张力。

控制台可实现手动布缆、手动捞缆、随动定余量布缆和定张力布缆以及应急布缆五种工况的操作。并可对拉缆机进行适当调节，使与鼓轮同步，实现对海缆稳定的控制。在工作时，还可以检测布缆速度、布缆长度、钢丝速度、钢丝长度、拉缆机速度、拉缆机工作压力以及鼓轮机的工作电压、电流等工作参数；可以左、右机单独控制工作，也可以同时控制工作（一机收缆、一机布缆），还可以将两台电动机并车与一个鼓轮使用以增加拉力，或者互相替换使用，使得当一个鼓轮电动机损坏时能继续工作。

电缆机电气控制箱（接触器箱）设在鼓轮舱内，可以在舱内直接启动电缆机。在综合控制台和电缆机舱电气控制箱上均设有紧急按钮，如鼓轮电缆机发生意外事故时，值班人员可用紧急按钮停车。

（2）ZCA-系列半导体直流调速装置

ZCA-系列半导体直流调速装置为二级运算放大器组成的比较器，包括速度大闭环和电流小闭环，双闭环反馈系统，具有三大优点：过电流时能自动堵转；因大小闭环分开，调试比较方便；精确的有差传动系统使电动机转速不受负载力矩大小的影响而恒等于指令值。

工作中，直流调速装置可以对鼓轮电缆机进行四种工况的控制：

1）手动捞缆：调节 ZCA-系列半导体调速装置上的内接转速指令电位器即可控制。捞缆中拉力过大时，因具有电流小闭环系统，能自动使电动机堵转，故可以保证海缆和电缆机的安全。并可以借助压磁式测力计测定海缆实际所承受的张力。

2）手动布缆：调节内接指令电位器，可以控制电缆机的布缆速度。

3）自动定余量布缆：一般先用手动布缆方式使布缆速度转入稳定，投放测速钢丝，待钢丝速度稳定后，接入钢丝速度信号，即可转入自动定余量布缆。开始时，应调节综合控制台上"余量调节"电位器，使余量控制在预定的范围内，即可进行自动定余量布缆。在工作过程中仍需经常检查实际布缆余量的情况。

4）自动定张力布缆：调节半导体调速装置内的张力开关和微调电位器即可调节任意的海缆张力（鼓布机对海缆的制动力）。该装置不受船速影响，可自动保持任意指定的恒张力。

3. 液压传动轮胎式拉缆机

轮胎式拉缆机设置于电缆机与海缆仓之间的主甲板上，共为两台，分别对应与左右两只电缆鼓轮。每台拉缆机使用两只直径为 562mm 的实心橡胶轮胎夹住海缆进行输送，两只轮胎分别由 SZM-0.25 型轴向柱塞液压马达驱动。液压马达排量为 0.258L/r，额定工作压力为 20MPa。轮胎压紧气缸直径为 125mm、行程为 320mm、额定工作压力为 0.4~0.8MPa，实际调定压力为 0.5MPa。拉缆机额定拉力为 300kg、最大拉力为 450kg。

轮胎前后设有对中装置，采用平行四边形机构，由气缸作弹性连接，以控制海缆始终对准轮胎中心位置运行。气缸缸径为 80mm、行程为 250mm、额定工作压力为 0.4~0.8MPa，实际调定压力为 0.5MPa。

液压源采用 YGS-D80 型高压液压柜（带有电动机、油泵、油箱、溢流阀等）。输出压力调定为 16MPa。

拉缆机主要用于将盘绕在鼓轮上的海缆或绳索收紧，防止海缆或绳索在鼓上运行时打滑，以保证鼓轮的正常工作。如另有必要时也可单独作拉缆机用。

4. 电动鼓轮电缆机使用注意事项

1）开一台变流机组进行捞缆作业时，适应的拉力在 4t 以内，速度在 1.2kn 以下。布缆作业时，适应水深为 100m 以内敷设直径为 40mm 的海缆。

2）开二台变流机组进行捞缆作业时，适应拉力在 4～10t 之间，速度在 1.2kn 以下。机械变速高速档时，速度为 3.6kn 以下、拉力在 2t 以下。适应 100m 以上的深水布缆和双机捞、布缆联合作业。

3）当液压系统油温和齿轮箱滑油油温太高时，应采取冷却措施。采取冷却措施时，应先开放水阀，后开进水阀，防止因放水阀闭锁造成水压过高而压破冷却器管系，使海水渗进油内。

4）拉缆机的单双机运转开关，除在高速深水布缆放在单机（左机或右机）运转位置外，其余均可放在双机运转位置。

5）停车时，并车开关宜放在"断"位置，使主回路接触器断开，避免停车时的爬行电流。

5. 维护与保养

（1）日常或短期停车维护

1）经常清洁鼓轮机、齿轮箱、电动机、液压柜、液压阀组、电控柜等设备，经常打扫鼓轮舱，清除油污积水，保持机械和舱内清洁。

2）经常清洁排缆刀纵横向移动轨道的摩擦面、齿轮箱换档手柄、中间轴离合器、制动带气缸、手动制动螺杆等，以防止锈蚀，并及时涂润滑油，保持运动灵活。

3）经常检查液压柜油箱和齿轮箱油位，使保持在正常工作油位，发现油少时，应及时补充，并检查各冷却系统进出水阀，使保持清洁灵活。当机械使用频繁时，建议齿箱滑油每年更换一次，液压油两年更换一次。

4）经常清洁拉缆机、测力计、横移轨道、螺杆、手轮、测力计拱桥顶紧螺栓以及拉缆机轮胎升降及对中装置气缸等活动部件，以防止锈蚀，并及时涂润滑油，保持其运动灵活。

5）经常清洁综合控制台、电子秤，使其处于良好状态。

6）每次施工作业完后都应及时对鼓轮机、排缆刀、拉缆机、测力计等进行冲洗清洁，所有活动摩擦部分均应涂润滑油，防止海水污染腐蚀。

（2）定期维护

1）定期检查各部螺栓、螺母，使其保持应有紧固状态。

2）检查各仪表、电动机、电器使其处于正常工作状态，发现问题应及时处理校对。

3）长时间不使用时，至少应半月到一个月按操作规程进行一次通电试验，全面运转不少于 10min，发现故障应及时排除。

4）长期不使用时，对拉缆机、测力计、排缆刀、制动螺杆的活动摩擦面的外露部分涂黄油，以防止锈蚀。气缸活塞杆应收回缸内，外露处应涂黄油。

5）定期对各机件、底座、支架等除锈、涂漆。

6）定期或结合厂修，或在大的施工之前，对主干电缆、控制电缆进行绝缘检查，确保线路绝缘良好，防止施工中出现突发性线路故障。

5.3 直线式布缆机铺设海缆施工

5.3.1 履带布缆机系统

1. 履带式布缆机系统的作用和组成

（1）作用

履带布缆机系统是一直线型海缆敷设系统，可用于海缆船敷设带中继器的海缆。在航速 0~6kn 的情况下，可按照规定的余量、张力敷设海缆。对于铠装海缆，履带机工作水深一般在 500m 以内，以海缆在水中重量不大于 2 000kg 为限度；对于在水中重量较轻的无铠海缆，也可以在更深的海域中布缆。该系统适宜敷设直径为 27~100mm 有铠、无铠海缆和直径小于 300mm 的软、硬式中继器，并具有海缆自动定余量敷设、定张力敷设和带中继器的海缆自动敷设功能。当将布缆机反向运转，也可在浅海区回收少量海缆，但因回收海缆往往会带来部分海水和海泥，对履带、气缸等机件污染严重，所以一般不用其进行捞缆作业。

（2）组成

履带布缆机系统主要由履带布缆机、对中装置、对地测速装置、测力计、电磁记数装置、操纵台、分指示器、布缆参数数字显示仪（与鼓轮电缆机共用）等组成。并且有液压、气动、电器三个控制系统，加上操纵所必需的检测仪表，组成一个复杂的自动控制系统，如图 5-11 所示。

履带式布缆机的全套设备和缆作业可由设在操纵室内的操纵台实施集中控制，并在驾驶室总控制台上设有可以观察布缆参数和有关主机设备工作参数的分指示器。

操纵台安装的控制系统主要由电控和液控两部分组成。电控包括布缆人工调速和自动定余量布设的控制机构和起动液压系统并监视其工作状态的仪表。液控包括远程调压阀及与之相应的压力表等，可用于定张力布缆。操纵台还装有显示海缆、钢丝布放速度的仪表，海缆、钢丝长度计数器，测量海缆张力的电子秤，指示履带布缆机张紧、压紧、制动气缸压力的压力表，齿轮箱滑油压力表，断钢丝、超张力、超速告警装置，以及油箱液位正常、告警指示等。

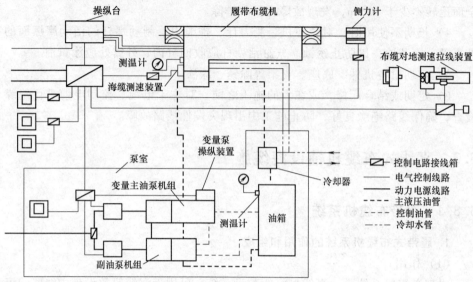

图 5-11　履带布缆机系统

　　操纵室内装有履带布缆机张紧、压紧、制动的供气减压阀、过滤器等，如图 5-12 所示。空气系统进入布缆机内部的管路比较简单，十个上压紧气缸和两个对中气缸汇入一个贮气总管，两个张紧气缸汇入一个总管，十个下压紧气缸汇入

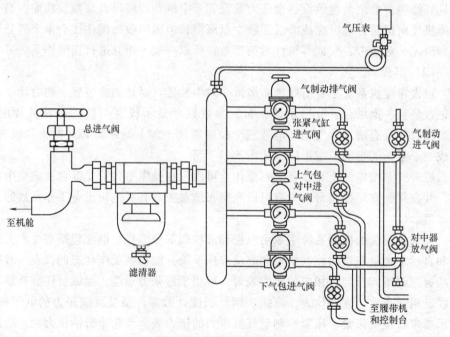

图 5-12　履带机供气管路图

一个总管。三根总管装在履带机机架背面的上、中、下位置。总管有相当大的容积，它不仅是管道，同时又是蓄压器，使得当中继器通过时从压紧气缸倒流回来的气体不会引起系统压力有大的升高而造成机件损坏。

指挥台、测试室、泵室等需要掌握布缆工作参数的场所还安装有分指示器，以供工作人员观察布缆速度、长度、张力以及张紧钢丝速度、长度等数据，同时掌握断钢丝、超速、超张力告警等情况。

2. 履带布缆机机械部分

（1）履带布缆机的型号

履带式布缆机采用"履""布"两字的汉语拼音的第一个字母作为型号命名，取最大拉力（3t）和最高布缆速度（6kn）的第一位数字列入型号，如 LB-3-6 型。

（2）机械构成

履带布缆机是由上下两条张紧的履带构成的直线型布缆机。张紧的履带被上下 10 对相应的气缸压紧，海缆被履带中间的尼龙压块夹住，由液压马达通过齿轮箱带动进行布缆。主机骨架和外壳采用钢板焊接，减轻了主机重量。齿轮箱装在机体内，并装有滑油泵，采取循环喷洒润滑的方法，既保证了齿轮箱的良好润滑，也充分利用了机壳的良好散热作用。为了保证气缸内活塞的润滑良好，在每个气包与供气管连接处以及制动、对中装置气缸进气口均装有油雾器。另外，为了防止海缆偏离布缆机中心位置，在布缆机两端装有气动对中装置（或称对中限制器）。

（3）布缆机的性能

LB-3-6 型履带布缆机具有电力拖动、液压传动、无级调速等功能，可以进行人工手动调速布缆，自动定余量布缆和定张力布缆。可以在泵室内起动操纵，也可以在操纵室遥控起动操纵。其具体性能指标见表 5-8。

表 5-8　履带布缆机工作性能指标

拉力	800~3 000kgf（或 8~30kN）	布缆速度	0~6kn
敷设海缆直径	27~100mm	制动力	5 000kgf（或 50kN）
最大耗电功率	55kW	可通过中继器最大直径	<300mm
压缩空气气压	>7kgf/cm^2（或 700kPa）	深海反馈最大功率	90kW
张紧气缸额定压力	6kgf/cm^2（或 600kPa）	制动气缸额定压力	7kgf/cm^2（或 700kPa）
履带张紧气缸最大张紧力	1 060kgf（或 10.06kN）	气动对中限制器最大挤压力	100kgf（或 1 000N）
履带最大总压紧力	6.78tf（或 60.78kN）		

3. 履带布缆机的液压系统

（1）系统构成

履带布缆机的液压系统是由油箱、滤油器、2CY-18/3.6-1 型齿轮泵、ZB227型主泵、ZM227 型液压马达、三位五通换向阀、溢流阀、冷却器、压力表、温度表、单向阀及连接的管路、截止阀等组成的一个开式液压系统。

齿轮泵、主泵由电动机带动打油，推动液压马达做功，进而带动布缆机进行布缆或收缆。

（2）工作原理

LB-3-6 型履带布缆机液压系统的工作原理如图 5-13 所示。

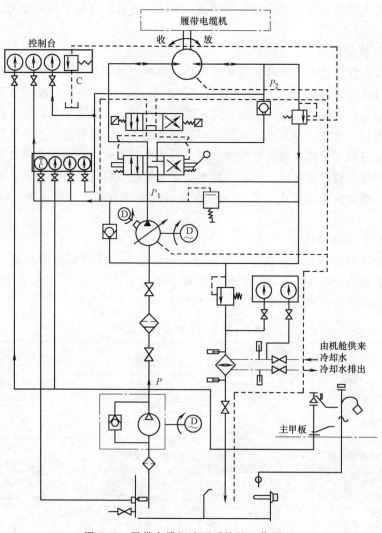

图 5-13 履带布缆机液压系统的工作原理

为了适应布放海缆时能实现无级变速，并且适应布缆机主动做功和吸收反馈两种不同工作状态以及在状态改变时能够自动过渡的要求，布缆机采用电动液压传动方式。选用 ZB227 型轴向柱塞变量泵和 ZM227 型轴向柱塞液压马达各一台，组成开式循环系统。由 2CY-18/3.6-1 型齿轮泵以 0.6MPa 油压向变量泵供油，通过改变变量泵排量，即可以改变液压马达转速，当排量偶尔低于液压马达需要的排量时，可以经单向阀 12 直接向液压马达 14 供油。操纵手动三位五通换向阀 10 可以改变液压马达的转向，达到布缆或收缆操作的目的。高压溢流阀 9 作为安全阀用，限制主泵的最高工作压力，调压为 14MPa。为了保护主泵电动机的安全，溢流阀 9 可以适当调低（一般调压到 10MPa 左右）。在收缆时，为了增加拉力，也可以将阀 9 调到 14MPa，但此时必须相应减少排量，控制收缆速度在 2.5kn 以下。高压溢流阀 13 是在布缆时用作液压马达的调整阀。将阀 13 本身的先导阀调整到最高（14MPa）后，可以在控制台通过远程阀 15 对布缆时液压马达背压 P_2 进行遥控，必要时也可将阀 15 调到最高（14MPa）后，在泵室进行调压控制。阀 13 特别是阀 15 的调压弹簧应选择好，使 P_2 能在 0～14MPa 范围内灵活地调压（14MPa 是 ZB227 油泵和马达的额定压力）。布放海缆时对布缆机有两种操作方式：一是控制布缆机运转速度，以船的对地航速 V_S 作为对比信息，用操纵变量泵伺服机构改变其排量来控制布缆机布缆速度 V_L，目的是使余量 $S = (V_L - V_S)/V_S$ 保持定值，称之为定余量布缆。二是控制海缆所受张力，以测力计显示张力作为对比信息，用操纵液压马达回油路溢流阀改变溢流压力来控制测力计显示张力，目的是使海缆在海底落地点的张力保持规定值，称之为定张力布缆。

在定张力布缆时，换向阀 10 在布缆位置或中间位置，主油泵 7 已经停泵或卸荷退出工作，布缆机被海缆拖着转动。液压马达 14 被布缆机驱动成了油泵，而布缆机只起制动作用。此时布缆机运转速度有两种可能：当海缆落地点尚有一定张力时，布缆速度等于船速，不可能产生余量；当海缆落地点张力消失，布缆机制动相对于水中海缆自重过小时，布缆机运转就会失控，使得海缆大量流入海中。因此，定张力布缆时落地点张力要选择合适。落地点张力受水深、每米海缆水中重量、中继器等影响，且中继器入水时要适当增加液压马达背压。

在定余量布放海缆时，如果海区较浅，海缆在水中自重所产生的拉力不足以克服海缆自海缆舱拖到布缆船艉的阻力，这时可由布缆机做功，主动将海缆按要求的速度向船艉送去。此速度的大小，根据余量要求受控制台自动控制。此时阀 15 或 13 调到最低位置，即液压马达背压 $P_2 = 0$。如海区很深，海缆自重拉力大于阻力，这时如果布缆机不处于制动状态，吸收因海缆自重拉力所产生的反馈能量，海缆将不受速度的控制滑向海底。为了使海缆在能量反馈的情况下，同样能按既定余量所要求的速度放出，就必须调节远程调压阀 15 或阀 13 给液压马达一定的背压，使布缆机的运转受到一定的制动力。此制动力必须大于海缆的自重拉力和阻力之差，此时，布缆机只有在受到主油泵的推动 P_1 大于零的情况下才能运转，这样布缆速度就仍受到主油泵的控制，也就是受到了控制台（即操纵台）的控制。

在定余量布放海缆实际操纵中，出现液压马达进口压力 P_1 低于 1~2MPa 时，调节阀 15 或 13 提高背压 P_2，此时 P_1 也随之升高。同样，如出现 P_1 高于 2MPa 时，调节阀 15 降低液压马达出口的背压 P_2。液压马达进口压力 P_1 随之下降。一般在布放海缆时，不论海区深浅，以维持 1~2MPa 为宜。但在 P_2 已经调到零时，P_1 可以高于 2MPa，因为这时布缆状态已进入牵引的工作状态，需要布缆机做功以克服海缆在船上的阻力。

4. 履带式布缆机的电控系统

（1）主要设备和用途

LB-3-6 型履带式布缆机分别在操纵台（即控制台），布缆机，钢丝对地测速装置，主、副油泵控制箱及主泵伺服机构，分指示器等设备上安装有电控设备，如图 5-14 所示。现按系统和用途分述如下。

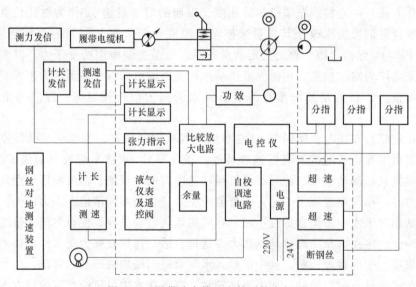

图 5-14　履带式布缆机电控系统方框图

1）电力拖动部分：布缆机为液压力拖动，设有主油泵和副油泵各一台，分别由一台 40kW 电动机和一台 13kW 电动机拖动，每一台电动机各设一磁力起动箱配套工作。为了布缆工作的可靠性，主、副油泵停车按钮可以加盖或做成钥匙式。另外，两磁力起动箱加装连锁装置，要求只有当副油泵已投入运行的情况下，主油泵才能实现起动；同时，当副油泵故障停机时，主油泵也随之停机。

2）随动系统：在布缆作业时，特别是深海布缆，为了使布下的海缆适应海底断面地形起伏的状况和打捞海缆所需要的余量，均采用定余量布缆。这时，要求布缆机具有自动地按照人为给定的余量将海缆送入海底的能力。随动控制系统就是为担当定余量布缆任务设计的。控制器有两套，一为常用（控Ⅰ），一为备用（控Ⅱ），使用时用开关转换。除此以外，布缆机还有手动调速装置，它是通过手动开关遥控装在主泵伺服阀联杆上的伺服电动机，调节伺服阀位置，控制主泵排量来实现调速的。

3）自校装置：为了在不布放钢丝的情况下能够检查测试定余量随动系统的完好性，布缆机设有自校装置。此时，钢丝测速装置由一台 0.25kW 的直流电动机拖动。在总控制台设有可控调压装置，可以分别在履带机操纵台和鼓轮机总控制台进行无级调速。

4）计程装置：布缆机和钢丝测速装置各装有计程发信器。计程发信器采用干簧管式结构，它主要由转子、定子、水密盖等组成。转子为一装有永久磁钢的转臂，定子上面装有干簧管，转子每转一转就使干簧管的触头通、断一次，计程为 1m。这种发信器与其他发信器（如光电式和磁电式的脉冲发信器）相比，具有结构简单、造价低、抗干扰能力强、不需要放大电路、寿命较长等优点。其缺点是触头式的脉冲发信器，其触头（触头密封在充有惰性气体的真空管内）在接触中有火花产生，使计数速度很高的 PMOS 计数器不能正常计数。采取的措施是在发信器之后必须通过一个单稳集成块，使单稳输出的方脉冲不受触电接触情况的影响。

在操纵台和各分指示器上都设有 JS-30 型电磁计数器，用以在布缆作业中显示海缆和钢丝布放的里程，计数器单位为米。

5）测力装置：测力装置用以连续测定海缆所受的张力，并反映到操纵台，以监视施工过程中海缆张力变化情况，防止海缆在布放过程中受到损坏。此设备选用 BHR4/500 型电阻式荷重传感器作为测力发信器，装在布缆机至后甲板海缆运行过道中间的测力计下面。测力计以力的三角关系求出海缆张力，按海缆承受张力的 1/10 分量设定量程。

6）电源装置：操纵台设有 ±12V、+24V 三种稳压电源，用于随动控制系统中的电子设备，而人工调速、计长和报警等电源采用 +24V 直流电。

7）分指示器：为了布缆作业与操船协调工作，电控指示仪表除了集中在操纵台以外，还设有四个分指示器，装有海缆及钢丝速度表、偏差表、海缆及钢丝计程和报警指示。分指示器设在指挥台、驾驶室、测试室和泵室（与泵室仪表箱组装在一起）。

8）报警装置：在操纵台及分指示器设有三种灯光及音响报警信号。这三种报警信号是布缆机超速报警、海缆超张力报警及断钢丝报警。另外，操纵台还设有油箱液位报警指示。

（2）工作原理

1）主、副油泵电力拖动原理：主油泵电动机采用星形-三角形换接降压起动电路。星形-三角形换接降压起动是指电动机起动时，其定子绕组接成星形，起动完后再将它换接成三角形。它的优点是在于起动时定子绕组接成星形，可使起动电流降低为全压直接起动（即定子绕组为三角形）时的1/3。星形-三角形换接降起动器由按钮、接触器和时间继电器等组成，即可以在泵室直接起动和停止，也可以在操纵室内的操纵台上进行控制。副油泵电力拖动采用全压直接起动电路，由按钮和接触器进行自动控制，即可分别在泵室和操纵台上进行控制。主油泵和副油泵的两磁力起动器加装联锁装置，以保障主泵只在副泵正常运行的情况下才启动。

2）随动控制系统：随动控制系统属于闭环自动控制系统。定余量布放海缆时，海缆的布放速度为系统的输出量，给定余量值为给定输入量或指令输入量，船的航速为扰动输入量。在系统工作时，海缆的布放速度反馈到输入端，与扰动输入量进行比较。当布缆速度符合给定余量时，偏差信号为零，经放大电路输入给伺服电动机的电压亦为零，布缆机按既定速度工作；否则偏差信号不为零，经放大电路输入给伺服电动机的电压亦不为零。因此，伺服电动机通过执行装置对布缆机速度进行自动调节，保持给定的余量值。

随动控制系统电路可分为三个部分：测量比较电路、放大校正电路、功率放大电路，如图 5-15 所示。

测量比较电路是一个电桥，由给定余量电阻、布缆机和钢丝测速发电机及其桥臂电阻等组成。输出信号分别取自电阻 R_{X2} 及 R_{Y2} 的分压。

放大校正电路为一带反馈校正网络的线性放大电路，用以放大来自测量比较电路的偏差信号。放大器选用 BG305 运算集成组件，输入端接成差动输入，组成一减法电路，电路 A 点为其输出端。

功率放大电路是由锯齿波发生器、调宽电路及桥式开关型晶体管功放电路等三部分组成的振荡线性放大器，用以推动伺服电动机工作。伺服电动机为 SYL-5000 型直流低速力矩电动机，它通过减速器调节柱塞式变量油泵的伺服杆及斜盘位置，进而调节布缆机的速度。

功放电路的输入端（即后级 BG305 运算组件的输入端）有两个输入信号，一个是来自前级 BG305 运算组件输出的直流信号 U_A，另一个是来自锯齿波发生器的频率为 $700\sim800$Hz 的交流信号 U_B。两个信号加在一起输入到后级 BG305 运算组件的反相输入端。后级 BG305 实际上为一调波宽电路。为了便于分析，先分别介绍单一输入信号的情况。假如锯齿波发生器输出端 B 点电路被切断，则输入到后级 BG305 的信号只有 A 点的 U_A。如 A 点的电位为负，则 C 点的电位约为+10V，晶体管 VT_4 的基极电位为正，而晶体管 VT_5 的基极 D 点电位则近似为地电位（因经反相器 VT_3 反相），因而使晶体管 VT_4、VT_6、VT_8、VT_{10}、VT_{13} 饱和导通，而晶体管 VT_5、VT_7、VT_9、VT_{11}、VT_{12} 截止。通过伺服电动机的电流方向从 E 到 F，电动机向一方向转动。反之，当 A 点电位为负，则 D 点电位为正，因而晶体管 VT_5、VT_7、VT_9、VT_{11}、VT_{12} 饱和导通，而晶体管 VT_4、VT_6、VT_8、VT_{10}、VT_{13} 截止，通过伺服电动机的电流方向从 F 到 E，电动机向另一方向运转。因而构成一个控制伺服电动机正、反转的可逆开关电路。

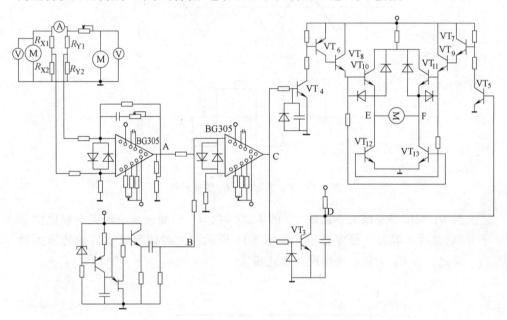

图 5-15　随动控制系统电路

假如前级 BG305 输出端 U_A 信号为零（或电路被切断），则后级 BG305 输入信号有一个交变的对称锯齿波 U_B，因而其输出点 C 的波形为一对称交变的方波，其幅度为 ±10V 左右，频率与锯齿波相同，约 700~800Hz。此时加到伺服电动机两端的电压 U_s 的波形及频率均与 C 点相同，但幅度为 ±20V 左右，如图 5-16 所示。此时由于通过直流伺服电动机的电流平均值为零，所以产生的平均力矩亦为零，伺服电动机不转动。

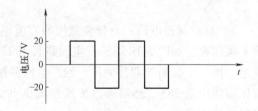

图 5-16　伺服电动机两端的电压波形图

当两个信号同时输入时，例如 U_A 为负，且其幅值小于 U_s 锯齿波的 $U_p/2$

（锯齿波幅值的峰值），如图 5-17a 所示。因后级 BG305 反相，则伺服电动机电压 U_s 的波形为正负波宽不相等（上宽下窄）的方波，如图 5-17b 所示。显然随着 U_A 幅值的增加，波宽比也相应增大，因而电压 U_s 的平均值及伺服电机转速也随着线性增大。

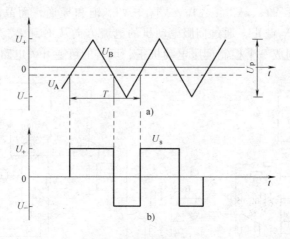

图 5-17　U_A 为负时，U_s 的波形图

当 U_A 幅值等于或大于曲线 U_B 的 $U_p/2$ 时，U_s 饱和，其波形图为幅值恒等于 U_s 的直线，即为一稳定直流，如图 5-18 所示。此时伺服电动机的转速为最高，反之，若 U_A 为正，则情况与上述相反。

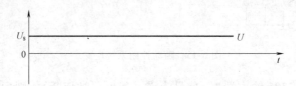

图 5-18　$U_A \geqslant U_p/2$ 时，U_s 的波形图

3）自校调速电路：自校装置用的直流电动机，采用晶闸管调压电路对其进行无级调速，如图 5-19 所示。主回路利用 220V 交流电，电源直接通过桥式整流供电，由一个晶闸管器件调压。触发电路采用单结晶体管弛张振荡器，电源通过变压器降压至 28V，然后通过桥式整流供电。主回路和触发回路采用同一电源，以保证同步工作。

4）计程电路：计程电路由计程发信器，晶体管开关及指示器组成，如图 5-20所示。干簧管式计程发信器所发出的脉冲信号直接输入晶体管基极，以控制开关工作，推动计数器计数。

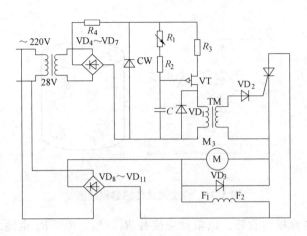

图 5-19　自交调速电路

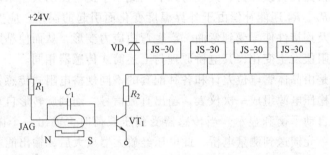

图 5-20　计程电路

晶体管开关选用 3DD7 大功率硅管，根据计数的电压、电流参数调整 R_1、R_2，使晶体管工作在开关状态。计数器选用 JS-30 型电磁计数器，电磁计数器的最高计数速度可达每秒 14 次，高于 14 次开始出现误差。

5）测力装置称量原理：履带布缆机系统、鼓轮布缆机系统和埋设犁系统测力机构的称量装置大都采用电阻式传感器，选用 DCZ-1/01 型电子秤。

电阻传感器分为压式和拉压式两种。压式传感器主要用于布缆机布缆张力检测，拉压式传感器主要用于埋设犁的主绞索拉力检测。传感器的工作原理图如图 5-21 所示。

当外力作用在具有弹性的金属元件——应变筒（或应变梁）使其进行弹性变形，而粘贴在应变筒上的电阻丝应变片也随之变形，使得电阻值变化而产生不平衡电压输出。

被测的拉力或压力经过传感器作用，使粘贴有电阻丝应变片的应变筒受拉力时，应变筒轴向拉伸，电阻丝应变片 R_1、R_2、R_3、R_4 也随之拉长，其阻值增加。

117

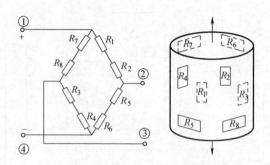

图 5-21　应变筒式传感器原理图

与此同时，应变筒横向收缩，电阻丝应变片 R_5、R_6、R_7、R_8 也随之缩短，其阻值降低，故电桥失去平衡。对角输出端有不平衡电压输出，该电压正比于作用在传感器上的被测拉力或压力，因此可以利用此不平衡电压的大小来度量被测力的大小。R_5、R_6、R_7 还能补偿由于外界温度变化而引起的误差。应变梁式传感器是通过滚球及连接件使梁受到弯曲，产生弯曲应力变形，从而使粘贴在梁上的电阻丝应变片阻值发生变化，其电桥原理与上述筒式传感器相同。

电子秤是由晶体管电位差计和各种配套的不同规格电阻式传感器组成。电阻式传感器和稳压电源组成一次仪表，输出直流信号，连到旋转形自动显示仪表的输入端进行自动平衡和显示。当传感器受到压载荷时，输出一个微弱的信号电压，经滤波单元馈送到测量电桥，此电压经放大器放大后，输出能驱动可逆电动机转动的功率。可逆电动机转动轴带动了测量电桥中滑线电阻的滑臂，改变滑线电阻的接点位置，从而输出一个相位相反的电压来补偿一次仪表电压差值，使电压减小到最大限制，从而获得整个系统的平衡。

由于一次仪表的输出电压正比于载荷受力大小，测量电桥又是一个线性桥，而标尺刻度同滑线电阻触头在同一位置上，因此可线性地在标尺上指示出载荷的大小。其测量原理框图如图 5-22 所示。

电子秤的电源由两种稳压电源供给，一种是串联型稳压电路，供给传感器一个稳定的电压；另一种是参数式稳压电路，供给测量电桥一个稳定的电压。

一次仪表传感器输出端的阻容式滤波电路由 $2k\Omega$ 的三极电阻和 $10\mu F$ 的电容组成，提高了仪表抗横向干扰性能，消除了由外界交变电磁场影响所产生的干扰，使仪表能在较强的外磁场干扰作用下正常工作。

电子秤仪表采用 ND/1：53 型二相异步可逆电动机，通常称此类电动机为各磁路分开供电的单相异步可逆电动机，又称电容式可逆电动机。ND 型可逆电动机的转子为扁铜排短接成笼型，定子绕组分为两部分，一部分由 110V 交流供电，称励磁绕组，另一部分接放大器的功率输出级，称控制绕组。在励磁绕组中

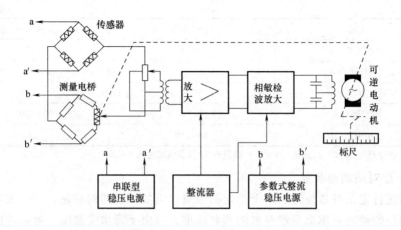

图 5-22 电子秤测量原理框图

串接一个的电容器以产生 90°的相移，当接通励磁电源并引入控制电压时，便产生一个旋转磁场使电动机转动。ND 型可逆电动机的控制电压最大值为 15V。在控制绕组上并接入一个容器以阻止高次谐波进入控制绕组，避免控制绕组产生高热。

ND 型可逆电动机的体积小、消耗功率低，属于微型电机一类。在性能上对这些电动机的要求也不同于一般电动机。通常的电动机在切断电源以后，由于惯性的原因并不能立即停止转动。而微型控制用电动机则不同，当外界信号消除时，它应立即停止转动，否则由于电动机的运转惯性会造成控制失灵和严重的指示误差，另外在灵敏度和稳定性方面也要求很严。因此，除了启动磁场外，还应该有克服其惯性的制动力矩。可逆电动机的制动磁场是 100Hz 的脉动电流所产生的脉动磁场和功率放大级中输出回路直流成分产生的恒定磁场来达到的。当控制绕组中的电流频率为 100Hz 时，可逆电动机的两个绕组的合成磁通是一个摆动的磁通。摆动磁通的摆动速度很高，企图使转子摆动。但由于电动机转子的惯性，所以这个摆动磁场不能使转子旋转，只能使电动机发热。ND 型可逆电动机的主要技术指标见表 5-9。

表 5-9 ND 型可逆电动机主要技术指标

名称	励磁绕组	控制绕组
极数	4	4
频率	50	50
额定电压/V	110	15
启动电压/V	110	<0.4
空载电流/mA	65±5	<430

（续）

名称	励磁绕组	控制绕组
制动电流/mA	55±5	<425
力矩/gf·cm	>180	
空载转数/(r/min)	约1250	
电容器/μF	0.75	90~120
直流电阻/Ω	810±50	7±5

注：满量程2.5s仪表的减速比1∶21；满量程5s仪表的减速比1∶39.3。

5. 船对地测速装置

当进行定余量布缆时，对于给定的余量，需要知道船的航速。而一般船上计程仪测得的船的航速都是船对水的相对速度，且由于海水受潮汛、海流等因素的影响，速度误差很大，所以必须有一测量船对地实际速度的装置。

测量船对地绝对航速，采用船尾向后放出钢丝的办法。放钢丝测速装置包括放线装置和拉线装置（包括测速发电机、计程装量、拉线滑轮和自校调速电机等）。

放线装置（又叫钢丝车）的放线盘内可盘绕长为100km、直径为0.7mm的细钢丝，用完钢丝后放线盘可以调换。拉线装置用来测量钢丝的线速度（即船对地绝对速度），细钢丝经过滑轮转动脉冲发信器，发出钢丝计长信号至控制台，转动测速发电机，发出速度（即对地航速）电压信号，并与履带式布缆机发出的布缆速度电压信号通过电桥比较进行控制。此外，拉线装置上还装有断钢丝告警发信器和自校电机，还装有重锤式测力计。

6. 履带式布缆机的操作使用与注意事项

（1）布缆前的调试与检查

1）液压系统的试压检查与工作压力调定：布缆前应检查电动机、油泵等工作是否正常，压力管路是否漏油，吸油管路是否漏气，阀件调压是否灵活，操纵台和泵室压力表是否正确一致，并且将各阀件调到规定的工作压力和位置，然后固定好。

2）钢丝测速装置的检查和调试：装置的各滑轮转动和测力轮上下运动应该灵活；放线摇臂应该转动灵活，并且应该调节两端重量平衡，否则放钢丝的时候时快时慢；装上自校电机皮带，开动自校电机检查钢丝里程和速度读数是否正确，各部位显示是否一致。

3）测力计检查：接通测力计电源，检查测力计调零，最大张力告警是否正常。称重检查测力指数是否正确，称重时应注意重物摆放位置，应使之重心在传感器上方。

4）布缆机检查：检查各供气气缸运动是否灵活，空气管路是否漏气；检查主、副油泵运转和调速是否正常；检查海缆速度、里程读数是否正常，各指示器读数是否一致。检查海缆速度超过一节，钢丝不动时（即电压差超过10V时）是否告警。检查布缆及齿轮箱和油箱温度表工作是否正常。

（2）注意事项

履带式布缆机控制设备的使用维护，除必须严格按照设备所选用的各机组、仪表元件维护使用规程和注意事项维护使用外，还必须遵守下列事项：

1）操作人员必须熟知本机的各部构造和工作原理，以及操作程序和注意事项，并预先经过充分训练，才能进行正式布缆工作。

2）工作中必须确保压缩空气、电源不间断，主、副油泵不允许中途意外停转，否则将会造成海缆失控的危险。在深海布缆必须有足够的冷却水，以便冷却液压油，否则会因油温升高而影响布缆速度甚至中止布缆。现在一般都是采用海水冷却，结束后，最好用淡水冲洗冷却系统管路，以防腐蚀。

3）布缆中如因意外出现液压系统吸空、失灵等情况时应迅速停止布缆，并以气制动或手制动履带布缆机，排除故障后继续工作，不允许超速度、超张力布缆。

4）布缆中如操纵台失灵，不能实施布缆操纵时，可以电话指挥泵室值班人员按布缆分指示器实施布缆控制。

5）在仅装一台张紧钢丝测速装置的船上，如出现测速钢丝中断告警时，应保持原来船速、布缆速度、布缆张力继续布缆，并迅速重放钢丝。

6）正式布缆之前，必须预先校准各种仪表，并调整好各液压阀件，固定好液压工作点。在设备运转过程中，必须不断地观察液压、气压、油温、测力、测速指示，发现异常温升、超压负荷等，应立即采取措施消除并注意液位。

7）布缆中，压紧气缸的气压应根据海缆张力负荷维持适当的气压，以防止因压得过紧使海缆外皮出现压痕，甚至变形，或者因压得太松而使履带压块间出现滑动而损坏海缆外皮，并且过紧还会加大机器的磨损。布缆中，若发现某一气缸漏气时，可关闭该气缸，以保证整个机器的运转。

8）布缆中突然遇到意外情况需立即停止布缆工作时，先命令主机舱停车，迅速停船，同时迅速将主泵伺服杆调到零位，并打开气制动气阀，使布缆机制动，即可停止海缆放出。为防止海缆与压块滑动，还应迅速将压紧气缸压力提高到最高压力。

9）起动时，按先副油泵、后主油泵的顺序，停车时，按先主油泵、后副油泵的顺序。中间应间隔一段时间。非意外情况，主泵应零位起动，零位停止。

10）对中装置布缆时应前压后张，收缆时则相反。实际安装时，两对中装置与上气缸共用一个气阀，所以可调整对中装置气缸限位螺钉，使两压板间留适当间隙，一般应大于敷设海缆的直径，以减少阻力和防止磨损海缆。

11）当采取冷却措施时，应保持回油压力高于冷却水压力，以防止海水渗入液压系统。

第 6 章

海缆的埋设施工

本章 6.1 节介绍海缆埋设施工的条件和应用范围、埋设要求。6.2 节介绍水喷式海缆埋设施工方法和注意事项。6.3 节介绍犁刀式海缆埋设施工方法和注意事项。

6.1 海缆埋设要求

由于浅海海域内的海洋环境比较恶劣，海底电缆在浅海海区敷设遭渔捞、船锚等人为损坏较多，从国内海缆故障统计数字表明，85%以上是船锚、渔捞所造成的。为了保护海缆的安全，保证海缆通信的稳定可靠，延长海缆的使用寿命，在浅海海区敷设海缆必须采取埋设的措施，这是国内、外的实践均已证明的保护海缆最经济有效的办法。

把海缆埋设在海底面以下，除了能防止渔捞、船锚损伤和人为破坏外，还能减轻电化学和生物侵蚀，对于敷设用电缆，还可采用轻型铠装或无铠装电缆，因而能降低工程造价。目前国内、外在浅海域内进行海缆建设都已广泛采用埋设的施工方法，而且已取得了显著成效。

现在，世界各国对海缆埋设技术的开发、研究和应用已经有了很大发展，归纳起来主要有以下三种类型设备：

1）犁式埋设机，适用于长距离海缆埋设；

2）水喷式埋设设备，适用于近海、浅水短距离的埋设；

3）自走式埋设机（ROV），主要用于埋设海缆修复段及分段埋设海缆的衔接处。

海底光缆埋设段落施工后应进行埋设后检查，检查段落的总长度应符合合同要求，并对检查确认埋设深度未达标的段落进行后冲再冲埋；重点检查的段落应包含（但不限于）施工接头处、光缆/管道交越处、埋设犁释放和抬起处、怀疑未能达到埋设深度的区段。

6.1.1 海缆埋设施工的条件和应用范围

1. 水深范围

海缆的埋设作业，一般是在水深为 200m 以内的浅海区进行，近年来随着捕捞深度的加大，少数水深达到500m，个别的还埋深在水深为1 000m处。

2．地质情况

对埋设作业的海区，必须进行海底地层和底质的调查，摸清海底底质是否适合于埋设施工，以及能否埋设到所需的深度，此外埋设施工还需对海底障碍物如沉船、暗礁、砂波以及其他障碍，通过旁测声呐调查清楚。施工前最好使用工程用的埋设机，沿路由试拖一次并取得挖掘深度和张力等必要的数据。

3．埋设使用的海缆

埋设用的电缆一般采用单铠海缆或双铠海缆。

4．海缆的埋设作业

海缆埋设可分为敷设同时埋设及敷后埋设两种形式见表6-1。

表6-1　海缆埋设的形式

埋设形式	适用范围	埋设设备	代表国家
敷设同时埋设	适用于长距离外海的作业	侧面带圆盘刀，埋深可调的犁式埋设机	英国和丹麦两国共同研制
敷后埋设	通常用于海缆故障修理后的再埋设以及登陆浅海段电缆的埋设	水喷式埋设机、自走式埋设机（ROV）	美、日

6.1.2　海缆埋设要求

海缆埋设的总体要求与海缆敷设基本相同，具体要求为以下几点：

1）应按照设计路由埋设，海底光缆实际路由不得超过设计路由中心线两侧各50~100m；

2）埋设前进行路由拖锚和拖犁扫海，清除障碍；

3）埋设张力按海区实际水深确定，一般为海底光缆水中重量乘以水深再加2kN；

4）埋设过程中海底光缆的弯曲半径不小于其直径的20倍，埋设张力不得大于光缆的工作拉伸负荷；

5）埋设过程中控制埋设速度，速度一般不超过3kn；

6）埋设过程中应准确标绘记录光缆的埋设位置和各种埋设数据。

6.2　水喷式海缆埋设施工

6.2.1　水喷式埋设法

水喷式埋设法是日本NTT和住友电工从20世纪50年代起一直在努力研

制并不断改进、逐渐完善的埋设工法，采用这种方法，日本已经埋设了总共数百千米的电缆。在我国，由上海基础公司 1988 年研制的水气混合喷射式埋设机，也类似于这种埋设工法，所不同的是增加了压缩空气与高压水的混合物。

水喷式埋设机的工作原理是由安装在埋设机底部的喷嘴喷出的水流来挖掘和排除海底的泥沙。这种工法是由专门的水泵供水，经输水管输水至埋设机喷嘴上，由喷嘴喷射出高压水，在海底冲出一条电缆沟，通过道轨把电缆引到沟中埋设。埋设机由母船牵引，可敷后埋设，也可敷设同时埋设。埋设的深度是依据喷嘴的数目、水流速度而定，因此埋设机的性能取决于给水泵的容量。

水喷式埋设的施工方法：有布设同时埋设和布设后埋设。

布设同时埋设法用于一般建设工程，其优点是由于在船上能控制布缆张力，因此埋设机一侧不存在残余张力，埋设机易于沉降，但由于中途不能中断作业，必须掌握限制在一定的埋设工程范围内，另外还须根据潮流掌握操船，不使路由发生偏差。

布后埋设法是在建设和维护中使用，由于作业分开而单纯化，但在埋设中容易出现电缆张力或余长。

埋设机的牵引方法有直接牵引法和固定牵引法两种。

（1）直接牵引法

母船在航行中直接牵引着埋设机在水下挖掘工作，如图 6-1 所示。

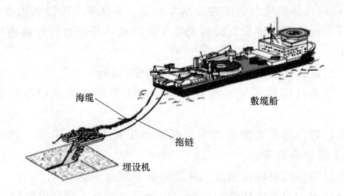

图 6-1　直接牵引法（布设同时埋设）示意图

此法必须在海区潮流不大，作业船要求能在 1kn 的航速下拖航作业而不使埋设路由发生较大偏差。

（2）固定牵引法

作业船在前方约 1km 处抛锚固定，由船上的卷扬机或绞车以一定的速度牵引埋设机前进，牵引至一定距离时，伴随着作业船的固定抛锚交替作业，牵引埋设机不断前进，在水下进行挖掘作业，如图 6-2 所示。

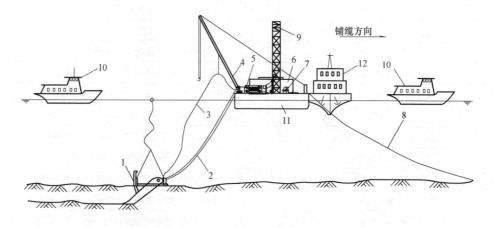

图 6-2　海缆船埋设施工示意图

1—水力喷射埋设机　2—导缆笼、脐带电缆及拖曳钢丝绳　3—高压输水胶管　4—起重把杆

5—履带布缆机、计 m 器、入水槽等　6—储缆圈　7—牵引绞车

8—牵引钢丝绳　9—退扭架　10—警戒船　11—电缆敷埋设施工船　12—拖轮

　　水喷式埋设法适用于近距离、大深度埋设，尤其宜于江河、湖泊、内海港湾等受气象影响不大的短距离海缆，以及浅海登陆段电缆和要求埋深在 2m 以上的海缆埋设作业。

　　其主要优点是埋设深度大、所需牵引力小。其缺点是埋设速度低（最高 1kn）不适宜长距离埋设，作业气象要求高，一般须由潜水员介入，不适于外海水深风浪大的海区使用，作业船须抛锚用绞车收紧牵引绳的方法进行埋设，否则要有操纵性能极好的船只才能使用，喷射水或压缩空气需较多动力用电（一般在 100kW 以上）。

6.2.2　HM-150 水喷式埋设机系统

　　HM-150 水喷式埋设机系统是 069L 型水线维护船及其他同型海缆船进行海缆埋设的配套设备。可用于水深 30m 以内、底质为泥沙的浅海等陆段、跨越江河湖海近距离海缆埋设。除海缆置入埋设机时须由潜水员配合外，其他作业均由母船遥控进行，并具有自动跟踪海缆进行埋设的能力。

1. HM-150 水喷式埋设机系统的技术性能

　　HM-150 水喷式埋设机系统可在布缆的同时进行埋缆，也可埋设已铺设在海底而未埋设的海缆，以及故障修复段海缆。在进行海缆埋设作业时，依靠喷射水流使海底泥沙流动形成沟槽，再将海缆埋于海底。其主要技术性能见表 6-2。

表 6-2　HM-150 水喷式埋设机系统主要技术性能

适 用 水 深	2~30m
埋 设 深 度	0~1.5m(连续可调)
埋 设 速 度	50~360m/h(视底质硬度而定)
埋 设 方 式	海水喷射犁式
可埋海缆及硬设备直径	海缆不大于 70mm;接头盒不大于 200mm
作 业 半 径	距母船不超过 150mm
重　　　量	空气中不大于 4t,在海水中 1t 至正浮力 2t 可调
外 形 尺 寸	(长×宽×高)不大于 5m×2.8m×2.5m
电　　　源	三相交流为 380V/100kW;单相交流为 220V/5kW
压 缩 空 气	压强为 3MPa;流量为 0.2m³/min
推 进 装 置	7.5kW 电动螺旋推进器一台
喷射用潜水泵	44kW×2 台(扬程为 78~97m,流量为 180~280m³/h)
脐 带 电 缆	制造长度为 220m,允许拉力为 50kN,耐水压为 1MPa
行 走 速 度	陆上可低于 10km/h 速度拖行;海上可低于 3kn 航速拖航

2. HM-150 水喷式埋设机系统的组成及作用

HM-150 水喷式埋设机系统主要由可控潜浮水喷式埋设机、监控系统、脐带电缆、供气软管等装置组成。通过脐带电缆和供气软管,由设于母船上总控制台的监控系统,对埋设机姿态、工作状态进行监视,并对埋设机进行操纵控制,利用可控潜浮水喷式埋设机的喷水进行海缆的埋设。水喷式埋设机示意如图 6-3 所示。

图 6-3　水喷式埋设机示意图

(1) 可控潜浮水喷式埋设机

埋设机由埋设机机架、轮系、海缆冲埋设备、海缆导向系统、液压动力装置、浮力调节系统、电力推进装置等组成。

1）埋设机机架：埋设机机架由耐蚀性能好的钢管和空心钢球（作节点）焊接成长方形车架，作为埋设机整体骨架，并作为安装全部机械、电气设备的基础。为尽可能增加水中浮力，制成后全部钢管须封闭，并通过气密检查。另外，埋设机机架含有供起吊、拖航、系泊和防碰撞的装置，设备安装机座，车轮、转向机构或滑橇安装机座等设计。

2）轮系：轮系有轮胎、钢圈、轮毂、前轮转向机构等组成。

① 轮胎、钢圈及轮毂：前后共四只轮胎选用宽为275mm、直径为701.6mm的越野超宽型轮胎和配套的钢圈。轮胎在陆上拖行和在海底埋设时，发挥与普通车轮相同的作用。而由母船拖航或系泊时，则部分起到碰垫的作用。另外，因钢圈为合金铝制而须涂覆并设镁合金块进行阴极保护。四只车轮采用相同的轮毂，后轮轮毂直接安装在机架上预设的端轴上。前轮轮毂则与转向机构合为一体，安装在机架上预设的底座上。轮毂采用滑动轴承，并能满足防泥沙、防锈蚀要求。

② 前轮转向机构：前轮转向机构满足陆上所有车辆拖行和海底跟踪海缆埋设的要求。该转向机构由前轮转向铰链装置、左右轮转向同步连杆、车辆拖行牵引杆等组成。此外，在进行海缆埋设任务时，为适应跟踪海缆埋设的需要，本转向装置还与海缆导入装置相结合，借助海缆进入方向传感器探明海缆走向，由控制台遥控或机上电液伺服装置自控，转向液压缸能驱动前轮转向。

3）海缆冲埋设备：海缆冲埋设备安装于埋设机上，主要由电动潜水泵、喷射犁等组成。

① 电动潜水泵：电动潜水泵采用水泵在前、电动机在后的方法平行安装在埋设机机架上。水泵的起动控制装置设在母船上，在埋设机上将供电线通过总接线箱与水泵驱动电动机引出线直接相连接。

进水管采用内径不小于150mm吸水橡胶管，并将吸水口位置接至埋设机最高处，在吸水橡胶管末端安装进水过滤器，避免吸入泥沙、杂物。

输水管位于潜水泵压出壳连接法兰到喷射犁进水口之间，选用内径不小于125mm、耐压不小于1.5MPa的橡胶软管进行连接。此外，软管有一段高于潜水泵，以保证泵壳内始终注满海水，防止气体进入。

② 喷射犁：喷射犁由犁身、喷嘴等组成。

喷射犁犁身有U形导缆槽、总输水管及接头、喷嘴支管及接头、铰链等组成。犁身前端由铰链连接在埋设及管状机架前横梁后方预设的底座上，工作时在调深液压缸驱动下，能绕铰链轴上下转动。作业结束后，犁身能回收到水平位置，并锁定在管状机架的后方横档预设的锁紧装置上，以便于拖航和运输。犁身的U形导缆槽口向下，作业时骑压在拟埋海缆上，由装于U形槽两侧的喷嘴喷射水流挖出沟槽，随着犁身前进而将海缆埋置海床下。

喷射犁喷嘴由不锈钢制成，装于U形导缆槽槽口两侧，并与犁身喷嘴输水支管相接。喷嘴总共有 36 个，对等分布于导缆槽口的左右侧，其直径为 13mm。喷嘴的位置由距离犁身铰链轴约 440mm 处起至犁身末端每隔 120mm 设置一个喷嘴。其喷嘴的方向由犁身的侧面看，犁身上端第一对与犁身夹角呈 45°角，犁身末端的最后一对与犁身基本平行，中间的喷嘴方向在此范围内与犁身的夹角依次减小；从犁身的前方面对犁身来看，由上而下，第一对向正前方喷射，第二对则各向内偏转 8°角喷射，第三对同第一对，第四对同第二对，其余均按此类推，以取得最佳的喷射效果。

4）海缆导向系统：为将拟埋海缆准确地导入喷射犁进行埋设，在埋设机牵引杆下方、管状机架前横梁下方、喷射犁犁身导缆槽前端各设一组海缆导向装置，分别称之为前、中、后导向装置。

① 前导向装置：前导向装置由三只滑轮组成 U 形滑轮组。滑轮组直径为 100mm，并采用不锈钢轴，具有良好的润滑性能，其有效通过直径不小于 210mm。组装时两只竖轮在前，一只卧轮在后。两竖轮通过芯轴固定在滑轮组的门形机座上，而卧轮轴的一端设铰链与门形机座相连，另一端则与设于机座上锁紧装置的槽口相配合。卧轮向上关闭时，能顺利准确地进入槽口后锁定，开锁后卧轮能自动落下，释放导向装置内的海缆。

② 中导向装置：中导向装置的结构与前导向装置基本相同，不仅具有海缆导向作用外，还负有海缆测力及计长功能，同时也具有闭锁功能。中导向装置利用卧轮来测量海缆所受的拉力，因此卧轮安装在由左右各一支拉力传感器吊挂的机架上。

③ 后导向装置：后导向装置由装于喷射犁犁身前端左右侧的两块弧形挡板组成。弧形挡板由薄钢板制成，前宽后窄，前方的开口宽度不小于 300mm，后方与犁身导缆槽槽口边缘相切并焊于其上，作平滑过渡。

5）液压动力装置：液压动力装置主要用于埋设深度调节和埋设机前轮转向控制。它主要由液压动力及控制机柜、调深液压缸、转向液压缸、管路等组成。在一般情况下，液压动力装置由设于母船上的埋设总控制台发出指令，使油泵驱动电动机磁力起动器闭合，液压泵起动，延时在油泵转速正常后，送出使电磁换向阀换向的控制电流，相关电磁换向阀即按指令要求动作，使调深液压缸或前轮转向驱动液压缸动作，从而使埋设增大（减小）或前轮左（右）转。

液压系统的液压动力源是由一台 380V/2.2kW 交流电动机驱动的液压泵及其配套设备组成。调深液压缸安装于机架和喷射犁犁身专设底座的轴销上，在液压缸缩回时能将犁身收至水平位置；在液压缸活塞连杆全部伸出时，能使犁身倾角达到 50°，液压缸在犁身末端产生的垂直推力不小于 10kN。前轮转向液压缸装于机架和前轮转向机构专设底座的轴销上。其工作形成能使埋设机前轮由向正前方左转或右转 35°，液压缸的推力或拉力不小于 8kN。

6）浮力调节系统：为控制埋设机的沉、浮并按需要调节其在水中重量，在埋设机上设置了浮力调节系统。本系统由浮力舱、浮力调控电磁阀组、管路、总截止阀等组成。在正常情况下，浮力调节是在埋设总控制台的控制下执行。但在控制系统失灵的情况下，浮力调控阀组内各电磁阀不论原来所处位置如何，均能自动回到供气排水位置，只要母船供气就可排除浮力舱中的海水，使埋设机上浮。

两只圆柱形的浮力舱并行水平安装在埋设机上部，其中心线与埋设机首尾线平行。浮力舱采用耐海水腐蚀性能和力学性能好的不锈钢薄板焊接而成，在每隔浮力舱内部分别设置五道永久性水密隔板。其满荷浮力不小于 20kN，在浮力舱的全部舱隔注水后，埋设机在海水中的重力不小于 10kN。

7）电力推进装置：埋设机在海底进行海缆埋设作业时，需具有一定的推力来推动埋设机前进，并使喷射犁抵近前方的土壤冲出沟槽将海缆埋入海底。埋设机所需的推力，除在海缆埋设中由喷射犁向斜后方喷射水流，形成部分向前的水平推力外，其余则由埋设机所装的电力推进装置来完成。

埋设机推进装置主要由潜水电动机、推进控制箱等组成。电力推进装置安装在埋设机管状机架后部上方的中央，电动机在前，推进器在后。其电动机功率为 7.5kW，埋设海缆时的行进速度为 50~360m/h，自由行驶时为 600m/h。

（2）监控系统

监控系统主要由总控制台、脐带电缆、埋设机上监控设备等组成。所有监控操作均集中在控制台进行，以一台一体化工控机为监控中心机，完成主要的监控功能。强动力潜水泵的监控由控制台结合其控制柜直接完成相应控制，其余控制信号由计算机中的信号采集电路处理后送给电子舱或计算机，水下电子舱完成各种传感电信号的录取与处理，完成控制台送来的各种信号的处理并送出各种控制信号。

1）总控制台：总控制台设于母船埋设控制室内，其外形尺寸为 1.2m×0.8m×0.7m。在控制台顶部主控面板上，设有水下电视摄像显示器两台，用以显示埋设机模拟图像、埋设机姿态、工况参数及其他信息的彩色显示器一台。主控面板上还设有供操作的键盘、开关、旋钮、指针、数字式仪表以及声、光信号装置等。打印机、录像机、信号接口处理装置、电源设备等分层设置在控制台机柜内。

总控制台主要通过脐带电缆控制和监视水下埋设机的各种动作。其主要功能如下：

① 埋设机所装摄像机控制与显示：由两台高清晰度黑白显示器，分别显示装于埋设机前、后两台摄像机所摄图像，并提供高保真音响设备放送前摄像机传

声器传来的声音。

② 埋设机姿态模拟图像实时显示：在控制台所装一台彩色显示器上实时显示埋设机姿态、工况的模拟图形，主要有左右倾斜、喷射犁工作、海缆通过速度、浮力舱进水、前轮转向等。

③ 埋设机姿态、工况和GPS信息显示：在控制台所装的一台彩色显示器上，以图表和数据形式实时显示如下信息参数：

β——埋设机横向倾角（$0°\sim\pm165°$）；

θ——埋设机纵向倾角（$0°\sim\pm165°$）；

α——埋设机上喷射犁挖掘角及对应埋深（$0°\sim60°/0\sim1.7m$）；

δ——埋设机接地状况（$0°\sim\pm45°$）；

l_s——埋设机行走里程及速度（里程：$0\sim9\,999m$、速度$0\sim999m/h$）；

l_1——海缆埋设长度及速度（长度：$0\sim9\,999m$、速度$0\sim999m/h$）；

P_0——液压系统工作压力（$0\sim30MPa$）；

P_w——海水喷射犁工作压力（$0\sim1.5MPa$）；

P——压缩空气压力（$0\sim3MPa$）；

c——前轮转向角度（$0°\sim\pm45°$）；

c_1——海缆进入角度（$0°\sim\pm45°$）；

T——海缆张力（$0\sim20kN$）；

h——埋设机下潜深度或离地高度（$0\sim50m$）；

w——设备进潮或漏水指示；

GPS——母船位置、时刻；

N——埋设机行进方向（$0°\sim360°$）；

L——海缆放出长度（$0\sim200km$）；

25Hz海缆探测仪接收信号强度（$+10dB\sim-120dB$）；

埋设机浮力舱水位状态；

海缆导入锁锁定状态。

④ 总控制台的操纵与控制功能：总控制台设有电源开关、接通指示及过流保护装置，埋设机动力电源接通、关断控制及电压电流指示，潜水泵起动停止控制以及电压、电流指示，埋设机推进电动机正车、停车控制，喷射犁挖掘角（即埋深）调控，埋设机前轮转向控制，浮力调节控制，海缆导入装置开锁控制，电视摄像机、录像机、打印机控制等。

⑤ 埋设机姿态、工况参数以及图像录取：控制台设宽行打印机一台，实时打印记录埋设机各种姿态、工况参数和曲线。

⑥ 告警故障显示与自动保护功能：告警功能包括母船供电断电、断相、过电流告警，潜水泵动力电源断电、缺相、过电流告警，脐带电缆、埋设机总接线

箱和电缆接插头进潮、漏水告警，埋设机倾角超限告警，海缆超张力告警，压缩空气供气压力超限，机上电子舱进潮、漏水或控制失灵告警，液压系统、强电接线箱、角度接线箱进潮告警等。

2）埋设机上的监控设备：为了实时掌握埋设机的姿态和工作状况，须在埋设机上安装的监控设备如下：

① 六个角度传感器：包括横向倾角 β、纵向倾角 θ、喷射犁挖掘角 α、接地轮接地 δ、海缆方位角 c_1、前轮转向角 c 等传感器，内部测角机构具有内部超压水压自动补偿功能。

② 三个压力传感器：埋设机下潜深度 h 和海水喷射犁工作压力 P_w、液压系统工作压力 P_0 等传感器。

③ 两套水下电视摄像机：含摄像机和水下照明灯，装于埋设机前后各一套。

④ 两套计长装置：含埋设机行进里程 l_s 和海缆通过长度 l_1 测时机构及传感器。

⑤ 两套海缆导向装置开锁传感器。

⑥ 六套浮力舱隔水位传感器。

⑦ 磁通门罗盘及其不锈钢水密箱体。

⑧ 25Hz海缆位置探测设备。

⑨ 水密电子舱：包括埋设机上所装全部传感器信息采集处理、上下行信号传输、埋设机上设备控制电路等设备。

（3）脐带电缆

脐带电缆是由母船向埋设机提供用电和传输上、下行监控信号唯一的通道，并具有维系和在必要时起吊埋设机的功能。为减轻重量、增大抗拉力、提高耐久性和可靠性，采用了聚氨酯外护套、芳纶抗拉元件、纵向密封和低扭矩结构。为在作业时漂浮在水面，还配套了便于拴系的耐水压浮子和浮子贮箱。此外还在脐带电缆末端安装了具有水压自动补偿的不锈钢专用接线箱，以便在海上作业时能与埋设机上的相应接口快速对接和分离并保证绝缘和水密。

脐带电缆的基本结构包括中心的一同轴对，外层绝缘芯线 3 对，截面积为 $8mm^2$ 的导电芯线 12 根，最外层为 $12mm^2$ 的导电芯线 12 根。电缆内部设置了阻水材料，并设漏水故障检测线一根。

（4）供气软管

为保证按需要调节埋设机的浮力，或满足埋设机排水上浮时所需的压缩空气，母船上的供气设备通过供气软管向埋设机提供 1.5MPa 压强的压缩空气。供气软管采用了具有两层尼龙加强层的聚氨酯软管。该软管作业时与脐带电缆一同拴系在耐水压浮子上漂浮，管子两端配有不锈钢接口。供气软管的技术指标见表 6-3。

表 6-3　供气软管的技术指标

内　　　径	8mm	长　度	210mm
耐　　　压	工作压力不小于 7.5MPa		
应用压力和流量	压力为 3MPa,流量为 0.2m^3/min		
抗 拉 强 度	拉断力不小于 10kN		

6.3　犁刀式海缆埋设施工

6.3.1　犁刀式海缆埋设方法

使用我军 991Ⅱ型及 890 型海缆船所装备的埋设犁进行埋设作业。该犁为日本 20 世纪 70 年代研制的带有导缆笼装置的拖曳式埋设犁，这种埋设犁适合于长距离浅海部分的海缆埋设。

1）适用最大水深为 50m；

2）埋设深度为 0.6~0.8m；

3）埋设速度为 2~4kn。

依靠母船动力牵引，可敷设同时埋设，其作业方法如下：

1. 埋设犁吊放

由船尾吊架的电动葫芦将犁吊起并向船尾方向移动，同时起动 25t 绞车放出拖索，在犁移位至船尾斜槽后，由电动葫芦将犁向海底吊放，同时放出拖索，待犁着底后，立即将吊钩与犁脱开，迅速起锚使船保持向前趋势。

埋设犁吊放的另一种方法是埋设犁翻身吊放法。即拖索安装在埋设犁平衡翼的上方，信号电缆在下方，犁背放在甲板上，犁刀朝上。放犁的操作方法是由船尾的 10t 电动葫芦将犁吊起并向尾部方向移动，同时驱动 25t 绞车放出拖索，将犁移位至船尾斜槽处，此时犁的重心已倾向海面，制动住拖索，犁由拖索拉住，然后将 10t 葫芦吊与犁脱钩，继续放出拖索，犁即入水，当犁垂直于水面时，由于重心作用，犁自然翻动（犁刀朝船前方向）继续放出拖索，同时安装导缆笼，此时作业船要保持向前趋势，使犁顺利、平稳地着底。埋设犁的这种吊放方式不受葫芦吊索长度的限制，犁在拖航时不易翻身。

2. 安装导缆笼

在靠近犁的部位安装加强型导缆笼，其后装普通导缆笼。笼在放入海中时，由于和甲板的摩擦阻力，导缆笼之间会脱开而损伤信号电缆，因此在安装十余个导缆笼后，用油泵轧头夹在拖索上，挡住导缆笼不使其脱开，待轧头随拖索移到船尾附近时即松开，再夹到前面部分的导缆笼拖索上，这样反复进行。也可使用直径 12mm 的尼龙绳将导缆笼互相连接，不用扎头。

导缆笼由粗圆钢焊接成的笼形结构，长为 500mm、直径为 400mm。左右两半可迅速拆开或拼成，导缆笼前后也可以迅速结合或拆卸。导缆笼用于在敷设时将海缆和中继器安全导入埋设犁，并能在埋设过程中防止海缆、信号电缆、埋设犁主拖索钢丝绳扭绞，使三者无论在何处都位于同一平面上且相距一定距离。

3. 埋设拖航

在开始拖航前，船锚先收到一定长度（根据水深和当地流速，不使船脱锚移位即可），拖航开始时，船只先摆正航向，以低速前进，防止拉力过大。履带机张开，随船只前进而将电缆拉出，要求放出的电缆不应有过大的张力，否则在埋设犁出口处的电缆会把压轮推向上方，影响埋设深度。为此，电缆舱内电缆如粘连较大时，应提前将电缆提起，需要时在电缆滑槽内可加适量滑石粉或水以减小阻力。

拖航中，随时通过监测仪表，监视和记录犁在水下的工作姿态及埋设深度，埋设犁的平衡翼仰角一般为 20°左右，拉力与底质有关，在较软的泥砂质海底约 4~8t，较硬的底质也可达 10t 以上，如拉力过大应降低船速或调整拖索长度。

根据水深和底质的变化，需要相应增减导缆笼数量和拖索长度，一般应保持为水深的 2.5 倍左右。为表明导缆笼在水中的数量，可通过安装在拖索上的计数器记录放出拖索的长度。

埋设拖航速度一般在 3kn 左右，在流速较大的海区，为防止偏离埋设路由，可配备拖船协助。拖航时转向不能过急，过急了电缆埋不到沟内。犁也易被拖翻。埋设时，在作业船前方 0.5~1n mile（海里），可安排一艘船只引导，并拖一只四齿锚进一步清除海底障碍。

4. 埋设犁回收

用 25t 绞车及信号电缆绞车同时收绞拖索和回收信号电缆，并拆导缆笼，犁出水后可用绞车直接将犁拉至甲板上。

6.3.2　埋设犁系统

1. 埋设犁的技术性能

由于海上养殖、渔捞、航运、探矿等事业的迅速发展，越来越严重地威胁着海缆通信的生存能力。为了提高海缆的生存能力，确保海缆通信线路的畅通，对海缆实施海底埋设是一种非常有效的措施。而埋设犁作为海缆埋设技术中的关键装备，对于海缆的埋设深度和埋设质量起着非常重要的作用。

ME4 型拖曳式埋设犁是一种 4 级刀式埋设犁。其技术性能见表 6-4。

2. 埋设犁系统的组成和作用

埋设犁系统由 ME4 型埋设犁、10t 葫芦吊、25t 主绞索钢丝绳绞车（简称 25t

表 6-4　ME4 型拖曳式埋设犁技术性能

犁身长	5.3m
固定笼口长	3.2m
犁翼宽	2.2m
犁尾宽	0.35m(犁尾出口宽 0.28m)
开沟深度	0.7m
开沟宽度(底宽)	0.1m
最大拖曳力	24t(瞬时值)
埋设犁刀数	4 刀
自重	6.2t(不包括 12kn 固定导缆笼重量)

绞车)、信号电缆车和信号电缆、导缆笼、埋设犁状态检测控制台以及六笔记录仪等组成,并与船尾布缆机系统配合进行埋设,如图 6-4 所示。现在对各部分的作用分述如下:

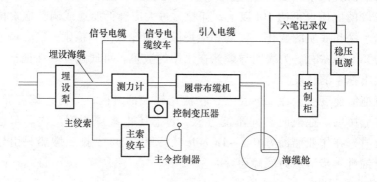

图 6-4　海缆埋设控制系统框图

1)埋设犁用于对海缆进行海底埋设,可以在水深 50m 以内的海底进行拖曳埋设。额定埋深为 0.7m,适应于泥、沙、砾石底质的海区。埋设速度可达2~4kn。

2)10t 葫芦吊用于吊放埋设犁。991Ⅱ型船吊架做成行吊式,吊钩可沿轨道向船尾方向移出舷外 5m。890 型船吊架做成门吊式,吊架由一对液压缸牵引,可向船尾方向倾斜,将埋设犁移出舷外。10t 葫芦吊可以将埋设犁吊放到 20m 以内水深的海底进行脱钩。

3)25t 绞车用于收绞拖曳埋设犁,并控制埋设犁与工作船的工作距离。埋设完毕后收回埋设犁。

4)信号电缆车用于收绞信号电缆,保证信号电缆能与埋设犁主绞索、导缆笼同步收放。信号电缆用于输送埋设犁状态检测传感器发出的信号到控制台。

5）导缆笼由粗圆钢焊接成的笼形结构，长为500mm、直径为400mm。左右两半可迅速拆开或拼成，导缆笼前后也可以迅速结合或拆卸。导缆笼用于在敷设时将海缆和中继器安全导入埋设犁，并能在埋设过程中防止海缆、信号电缆、埋设犁主拖索钢丝绳扭绞，使三者无论在何处都位于同一平面上且相距一定距离。

6）控制台用于控制、检测、显示埋设犁中各传感器发出的工作状态和牵引张力的信号，并向六笔记录仪提供记录信号。

7）六笔记录仪用于自动记录埋设犁的各种埋设参数，包括埋设深度 h、平衡翼仰角 θ、左右倾角 β、埋设犁拖曳张力 T。

3．埋设犁的状态检测

（1）α、β、θ 角和掘削深度 h 的检测

1）α、β、θ 角的检测原理：埋设犁利用了自整角机所具有的自整角变压器特性，对表征其水下工作状态的 α、β、θ 角进行检测。检测的基本方法是在埋设犁平衡翼内的不同位置分别装上检测 α、β、θ 角的同一型号发送机，接收机装在控制柜中（控制台下），两者之间通过信号电缆线相互连接。发送机随埋设的机械变化感受角度信号传递给接收机，在接收机的输出绕组中产生一个与感受角度成正弦关系的电动势，即控制电动势 E_y。

发送机的定子固定在埋设犁的平衡翼上，而转子上挂着一个重锤（在外力作用下可自由转动），重锤在重力的作用下，保持垂直于海底平面。埋设犁掘沟时，其定子随动于埋设犁和平衡翼，从而改变了发送机转子与定子的相对位置，感受一个角度并传递给接收机，把角信号变为与其成正弦关系的电信号输出。这就是发送机感受角度的原理。

θ 角、β 角分别反映的是平衡翼的前后倾角（仰角）和左右摆动角（或叫

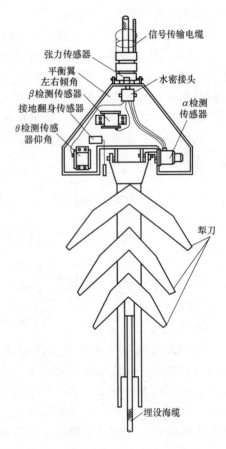

图 6-5　角度测试传感器安装位置图

左右倾角），这两个参数的发送机都装在埋设犁的平衡翼上，两者的安装位置是相互垂直的。具体安装位置如图 6-5 所示。

α角为掘削角，是埋设型中检测的一个重要参数。它既是犁身的掘削倾角，又可以据此间接地计算掘削深度。α角发送机与θ、β角发送机感受角度的区别是在于发送机安装固定的方法有所不同。α角是反映埋设犁身相对于铅垂线倾斜角度的参数，发送机虽然安装在犁的平衡翼上，转子也还是采用一个重锤，但定子不是固定在平衡翼上，而是通过转轴把定子和犁身连接起来，埋设时随着犁身的运动改变定子与转子的相对位置来感受出一个角度，并传递给接收机，输出一个相应的控制电动势。

α、β、θ角的三个发送机都是采用同一型号的 BD-404A 自整角机，三个接收机也都是采用的同一型号的 BS-405 自整角机。发送机的励磁电压采用50Hz、70V 的低电压励磁，主要是为了把 BD-404A 自整角机的温度控制在一定的范围内，以保证发送机长期稳定的工作。但由于输出电压的大小与励磁电压有关，因此采用低励磁电压的前提是保证有足够大的输出信号。

2）α、β、θ角的检测电路：发送机在机械力的作用下感受角度并传递到接收机，使接收机的定子绕组中感生出一个与之成正弦关系的信号电压输出。为了能够从指示器上直接读出 α、β、θ 角的数值，在接收机的输出绕组与指示器之间还必须有一部分变换电路，如图 6-6 所示。

从图 6-6 中看出，变换电路包括相敏整流、调相、调零、滤波、负载调节等，现分别介绍如下。

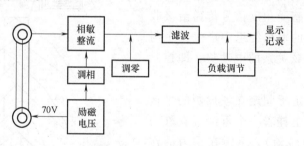

图 6-6　测量电路框图

a. 相敏整流电路及基本工作原理：所谓相敏整流，就是完成把交流变成直流（整流）以及鉴别输入信号相位（相敏）等任务。相敏整流电路实质上是一个环形解调器，利用二极管的单向导电特性即开关特性来实现解调。环形解调器的典型电路如图 6-7 所示。

① 解调器的工作原理：由图可以看出，二极管环形解调器是由四个二极管

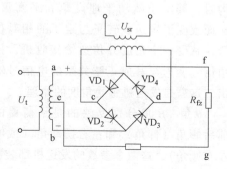

图 6-7　环形解调器电路原理图

$VD_1 \sim VD_4$ 以同一方向串联成一闭合环路，并在它的一条对角线上加解调电压 U_t，在另一个对角线上加输入信号电压 U_{sr}。一般地，U_t 幅值要比输入电压幅值大一倍以上。

解调电压 U_t 起开关作用，决定二极管的导通和截止。当解调电压为正半周时（a 正、b 负），二极管 VD_1、VD_2 导通，VD_3、VD_4 不通。此时环形电路中只有两个臂导通，电流回路是 a、c、b、e、a。由于环路四个臂和变压器抽头两边都是对称的，所以当左两臂导通时，c 和 e 等电位，反之当解调电压为负半周时（a 负、b 正）右两臂导通，电流回路是 b、d、a、e、b，e 和 d 是等电位。由上面的分析可知环形电路的作用是 e 点交替地接到 d 和 c 两点，因此可用图 6-8 表示其工作原理。

当 $U_{sr} = 0$ 时，尽管开关不断动作，二极管中有环流流过，但负载电阻中无电流流过，输出仍然为零。

现在来看一下 U_{sr} 与 U_t 同频率、同相位时的情况。在 U_t 为正半周时，e 点和 c 点等电位，这时 U_{sr} 的极性是 d 正 c 负，信号电压引起的回路电流是 f、g、e、a、c 和 f、g、e、b、c，这时 R_{fz} 上的电流方向是从 f 到 g，输出端得到一个 f 正 g 负的电压；在解调电压为负半周时，e 点和 d 点等电位，这时输入信号也刚好反向，即 d 负 c 正，信号电压引起的电流回路为 f、g、e、b、d 和 f、g、e、a、d，输出端同样也得到一个 f 正 g 负的电压。下一周期又重复上面的过程，所以输出一个全波整流电压。输出波形如图 6-9 中实线所示。

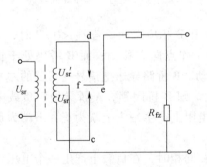

图 6-8　环形电路工作原理图

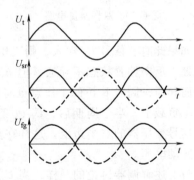

图 6-9　环形电路波形图

由上面分析可以看出，输入信号 U_{sr} 为交流电压，但输出端是一个直流电压，因此用该电路可以实现解调。

另外，当输入信号相位改变 180°，且 U_t 为正半周时，"开关"倒向 c，即 e 点和 c 点等电位，但这时输入信号是 d 负 c 正，输出端得到了一个 g 正 f 负的电压；同理，在负半周时，输出端得到的还是 g 正 f 负的电压。总之输出还是一个全波整流电压，但它的极性变成了 g 正 f 负了，如图 6-9 中虚线所示。由此可见，输出电压的极性和输入信号的相位有关。由于输出电压可以反映相位，所以具有相敏特性。

② 埋设犁的相敏整流电路：埋设犁检测仪表中，采用的是双桥整流电路，如图 6-10 所示。其作用与单桥整流效果一样，双桥电路每桥的四个二极管相当于单桥中的两只二极管，仅再需要考虑二极管的功耗问题。其工作原理与上述解调器相同。

如在某一瞬间解调电压的方向如图 6-10 所示，则在 A 桥中的二极管闭锁，而 B 桥中的二极管因为正向偏压而导通。A 桥与 B 桥的二极管分别加上了反向电压和正向电压，其工作点 A、B 如图 6-11 所示。

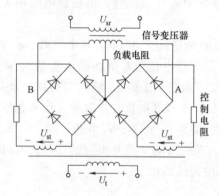

图 6-10　双桥整流电路

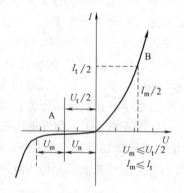

图 6-11　工作点曲线图

如果此时有信号 U_{sr} 输入，则工作点 A 和 B 相应移动。若 $U_{sr} < U_t/2$ 时，A 桥路仍处于反向偏置状态不导通，但 A 桥的工作点向右移动；而 B 桥仍处于正向偏压而导通，同时 B 桥的工作点也向右移动。B 桥路导通把信号变压器的左半边接到了负载上，半个周期后，U_t 改变极性，则 B 桥闭锁，A 桥导通，负载电阻接到信号变压器的右半边上。这样在负载电阻上产生一个上端为正，下端为负的直流脉动电压。

与上述解调器讨论的一样，当 U_{sr} 与 U_t 同相时，在负载上产生一个电压，当 U_{sr} 反相时，则负载上的电压改变极性，这就是具有相敏特性的相敏整流电路。

采用相敏整流，主要是因为埋设犁平衡翼左右倾斜角 β 和前后倾角 θ 以及犁头的上下倾角 α 有正负之分。接收机的输出控制电动势随角度的正负变化而反相，相敏整流后也反相，指示器指出相反的角度，达到检测正负的目的。

b. 移相电路：发送机是安装在埋设犁上的，当埋设犁掘沟时，感受一个角度产生不平衡电流，电流信号通过电缆传输给接收机，由于电缆本身存在着对电信号的延迟作用以及发送机本身的相移，会使信号电压与励磁电压有一定大小的附加相移。而相敏整流输入端的电压 U_{sr} 与 U_t 要求相位一致（或相差 180°），为此采取了移相电路（即调相电路），如图 6-12 所示。

图中所示移相电路是一种交流桥式移相电路，由四个阻抗组成四个臂，其中 Z_1、Z_2 为输入变压器的两个二次绕组，对角线电压作为输出电压。当改变 R 或 C 时，U_{sc} 的相位就产生相对变化。

移相电路中的元件可以一个是电阻，另一个是电感而组成一个阻感移相桥，也可以一个是电阻，另一个是电容而组成一个阻容移相桥，埋设犁中采用的后一种电路。

c）滤波电路：滤波电路如图 6-13 所示。电路中的 R_3 与 C_4、C_5 组成一个阻容滤波器，R_4 也起到滤波作用，但它主要是用于调节输出电压。两只滤波电容两端分别并上了二极管，以使电容处于正常运用状态，延长其使用寿命。

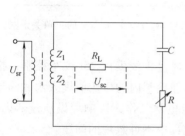

图 6-12　移相电路图

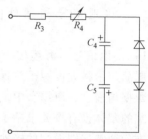

图 6-13　滤波电路图

d）调零电路：埋设犁不工作时，即发送机的感受角度为零时，按理想状态分析，其输出直流电压应为零，指示器无指示。但自整角机不可能做到理想化，在感受角为零时，仍有一定大小的电压（当然电压比较小）输出，从而产生指示误差。为了消除这个误差，提高检测准确度，设置了调零电路。

在非理想情况下，当感受角为零时，整流输出一个偏差电压。此时在指示器中有一个电流流过，而产生指示误差，要消除这个误差必须在电路中串入一个与偏差电压大小相等，方向相反的电压，使其抵消为零。

图 6-14 所示的是一个调零电路，其可变校正电压是由整流电路提供的，它从一个电桥电路中取出，当改变 R 时，输出直流电压的大小、方向就随之改变，保证当感受较为零时，整流输出为零。

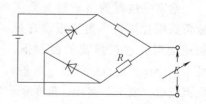

图 6-14　调零电路

3）h 值的检测和显示记录电路：对埋设犁的工作状态检测的一个重要参数 h 是通过 α 角的检测间接得到的，根据 α、β、θ 角的意义，通过三角演算（其三角关系如图 6-15 所示），可求得

$$h = L\sin\alpha$$

式中 L——犁身长度。

在实际检测装置中，h 并不是由计算得到，而是通过指示器直接显示出来。方法是在 α 角指示电路并上了 h 显示表头，这个表头显示的数值正好与输出指示电压是 $L\sin\alpha$ 的关系，因此读出的数值就是掘削深度 h。

α、β、θ 角都是采用同一型号的指示表头，且指针可左右偏转显示。另外，在显示电路中还取出一部分信号送给记录仪，把 α、β、θ、h 参数用绘图的方式绘于坐标纸上，以便于综合分析埋设犁的工作情况。

（2）接地信号和翻身信号的检测

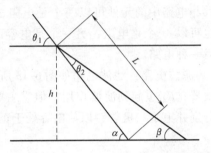

图 6-15 α、β、θ、h 参数的三角关系图

1）接地信号：海缆埋设时，利用船尾葫芦吊将埋设犁吊放置海底，船航行中通过主绞索由 25t 绞车控制，拖动埋设犁掘沟前进，海缆和中继器经过导缆笼和埋设犁内的压轮而埋入沟底。如果埋设犁的犁体没有按要求贴于海底面，则不能正常工作，影响埋设质量。因此，及时准确地掌握埋设犁的接地状态，是埋设过程中不可忽视的问题。

为了解决这一问题，在埋设犁犁身与平衡翼的交界处，安装了一个铁板作为接地装置，利用它控制一个电路，电路中加上一个检测仪表。根据指示情况，间接地反映出埋设犁的接地状况，其电原理图如图 6-16 所示。

图中感受角度的传感器是一种 WXJ2-1 型精密电位器，利用它测量转角，方法简单，易于实现，且它的线性度好，输出功率大（5W）。

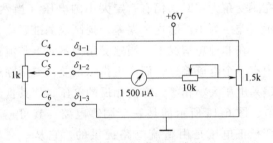

图 6-16 接地信号电路图

精密电位器的滑动触头受接地角铁板控制，当角铁板没有接触地面时，它在弹簧的控制下，处于一个固定的自由状态（下垂）。若这时调整电桥处于平衡状态，则表头没有电流流过，表头不偏转，角度显示为零。当角铁板接触海底面时，在海底面的作用下，克服弹簧的约束力，偏转一个角度，精密电位器的触头在角铁的带动下，偏离电位器中心，使电桥失去平衡状态，这时表头两端产生电位，指示器有显示。如果把这个表头刻成角度，所得指示值就为角度值。根据实际调试实验所得出的数据，就可以在工作中依此来判断埋设犁下海后接地良好与否。

在实际调整中，一般将埋设犁处于基准平面位置时的接地板位置（即与平衡翼底面处于同一平面）调整为零位。当埋设犁悬空时，表头指示负值，接地后，因海底面对接地板的作用力，使接地板高于平衡翼底面时指示正值。

　　2）翻身信号：在使用埋设犁进行海缆路由埋设调查或海缆埋设施工中，可能因自然（海潮流、海坡度太大等）或人为的原因使埋设犁翻身。这时如不能及时发现和纠正，就会造成设备损坏而影响埋设施工，因此需要设置一个翻身告警电路。图6-17所示的电路可以满足翻身告警要求。

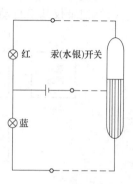

图 6-17　翻身信号电路

　　从图中可以看出，翻身信号电路是利用一个汞（水银）开关控制两直流回路的接通与断开而实现告警任务的。当埋设犁处于正常状态时，下面的电路接通，蓝色指示灯亮。一旦埋设犁在水下翻身，汞开关接通上面的电路，红色告警指示灯亮。两种颜色指示灯都安装在控制柜面板上。

　　汞开关与接地装置传感器装在一起，用不锈钢材料制成圆筒形外壳，密封安装在平衡翼内。

　　在后续船中也有改用磁性开关代替汞开关的，其功能与汞开关相同。

　　（3）主索张力的检测

　　在埋设控制中，埋设犁是靠主绞索钢丝绳牵引，由25t绞车控制，在船航行动力的拖动下进行埋设工作的。钢丝绳自身是存在一个极限拉力负荷的，如果外力超过这个允许负荷，就会致使钢丝绳拉断，造成埋设工作中止。同时还会将信号电缆拉断，甚至可能拉断海缆。为了解决这一问题，必须掌握埋设犁的牵引张力，以便在埋设控制中将拉力控制在安全拉力之内。

　　埋设犁的拉力检测是采用 DCZ-1/01 型电子秤和 BLR-1 型拉压力式传感器来完成的。传感器直接连接在埋设犁与主拖索中间，置于平衡翼内底板上，由电子秤直接称量。其称量原理与布缆机电子秤相同，称量范围为30t以下。

4. 六笔记录仪

　　（1）六笔记录仪的组成和作用

　　六笔记录仪是集测量、放大、走纸、记录为一体的复杂仪器，集中了六台单笔用的自动平衡型仪表，装有六架放大器、伺服机组、电位差计电路、笔等设备，且每个系统都相互独立。

　　六笔记录仪作为综合参数检测仪，能将同一时刻发生的多种参数如埋设犁的 β、θ 角，掘削深度 h 以及主拖索张力 T 等进行连续的自动记录。通过对记录曲线的综合分析，可准确地判断埋设犁在水下的工作状态。更重要的是通过记录保

存了海缆的实际施工资料，对提高我国的海缆施工技术和以后海缆的维修与故障查找都具有一定的价值。

（2）工作原理

六笔记录仪基于自动平衡电位差计原理，其原理框图如图 6-18 所示。

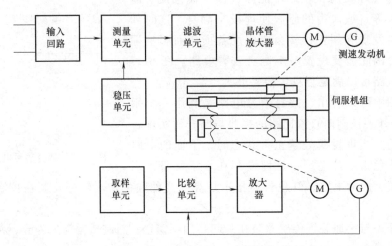

图 6-18　六笔记录仪工作原理框图

外界被测信号首先通过输入回路，起到量程转换的作用，然后送入测量单元。测量单元实际上是由稳压单元及测量电位器所组成的，外界被测信号与测量电位器电压相比较后，其偏差电压再通过滤波单元除去干扰信号，再由直流-交流调制器（场效应调制器）调制成 1 000Hz 的交流信号。微小的交流信号经过交流放大器放大，然后由解调器将交流信号再度变成直流信号，此直流信号又经过滤波器、直流放大级及功率放大级驱动高效率直流伺服机组转动，并带动测量电位器的触头，使其偏差电压趋向于零。一旦测量信号有变化，产生新的电位差即被放大，伺服机组再度转动使测量电位器的触头位置变动保持平衡状态。仪表记录笔则通过齿轮、拉线与电动机相连，并且记录笔架和测量电位器的触头相连接，因此记录笔随着测量电位器的触头位置的变化在记录纸上划出相应的曲线。为了使仪表在快速运行时稳定，仪表采用测速发电机反馈作为系统的阻尼。

仪表走纸也应用直流伺服机组系统，输入某一取样电压，通过比较电路进行直流放大及功率放大，驱动伺服机组旋转。测速发电机所产生的电动势反馈回比较电路使放大的输出信号稳定在某一值上，这时电动机将稳定在某一速度上旋转，改变不同的取样电压，电动机将在不同的速度上旋转，从而达到走纸变速的目的。

5．埋设犁控制台面板及稳压电源

（1）控制台面板结构

控制台（控制柜）内装有 α、β、θ 角度测试仪、接地翻身信号接收仪、电子秤及各种指示表头、指示灯和开关按钮等。

（2）电子交流稳压器

海缆埋设控制系统中各种检测装置的电源均采用船上供给的交流电源，为了使各种检测装置有一个稳定的电源电压，供电电路中采用了 614-A 型电子交流稳压器进行稳压。614-A 型电子交流稳压器主要是一个磁放大器，它和一个自耦变压器串联后跨接在电源和输出端之间，并在输出端上接一个特制的钨丝二极管，当电源电压或负载变动时，它的屏流就随之变动，经放大后，控制磁放大器的直流饱和电流，以变更它的阻抗来稳定电压。

6. 25t 绞车

（1）绞车的主要特性

25t 绞车的主要技术特性指标分别见表 6-5 和表 6-6。

表 6-5 绞车的拉力与速度指标

绞车档位	高速档			低速档			副滚筒单独工作		
电动机转速/（r/min）	1 400	665	300	1 400	665	300	1 400	665	300
电动机工作制/min	10	30	5	10	30	5	10	30	5
拉力/tf	1.14	2.40	3.86	6.79	14.2	22.7	1.10	2.32	3.75
速度/（m/min）	81.5	38.7	17.5	11.5	5.5	2.5	88.0	41.8	18.8

注：1tf≈10kN。

表 6-6 其他主要特性指标

钢 索	最大抛出长度	250m
	最大容绳量	300m
	破断拉力	58.9tf
电 动 机	型式	卧式防水三相交流三速感应电动机，带电磁制动
	电压	380
	额定转速	1 400/655/300r/min
	工作制	10/30/5min
	功率	22/22/16kW
	重量	575kg
25t 绞车重量		12 500kg
外形尺寸（长×宽×高）		3 211mm×2 976mm×1 644mm

注：本绞车名义上拉力为 25tf，而实际上最大拉力只有 22.7tf。

（2）结构简述

25t绞车主要由离合器操纵机构、制动装置、机架、马达齿轮装置、压绳机构、中间轴装置、排绳装置、束爪机构、电动机、主令控制器等组成。

（3）绞车的维护和保养

1）平时绞车必须用帆布罩盖好。在每次使用以前，应检查使用的可靠性和安全性。例如，带式制动和电磁制动的可靠性，绞车周围有无阻碍运转的物件等。发现问题应在纠正以后方可使用绞车。

2）绞车中有相对运动的零件如轴承、双向导螺杆、导杆、链条、齿轮的啮合面等处必须定期补充润滑油脂。

3）绞车长期不使用时，应定期盘车，非工作期间束爪应啮合。

4）保持绞车零部件的整齐和清洁。

5）使用绞车时，应注意电动机的温升，使之不超过电动机允许的温升范围。当温度过高时，必须使温度降低到规定的范围以后才可再使用。

7. 信号电缆绞车

（1）主要技术指标

信号电缆绞车是用于收放埋设犁上的信号电缆的专用绞车。它能以一个恒定的拉力收紧信号电缆，而且使埋设犁上的信号发信装置与驾驶室内的控制台相沟通，以保证布缆船在埋设作业中能获得埋设犁中的各项信息，以便于正确地控制埋设犁的正常工作姿态。

信号电缆绞车的主要技术指标见表6-7。

表6-7 信号电缆绞车的主要技术指标

额定拉力		800 kg
额定速度		9m/min
滚筒	滚筒直径	900mm
	卷绕层数	5层
	电缆容量	300m
交流力矩电动机	型号	JLJ132-1.6/6
	额定力矩	1.6kgf·m(或16N·m)
	转速范围	0~930r/min
二级圆柱齿轮减速器	型号	JZQ-250-I-4Z
	减速比	48.57
总传动比		388.56
电缆规格		28芯、外径:36mm
重量		1 830kg
外形尺寸		1 740mm×1 662mm×1 366mm

（2）结构

信号电缆绞车主要由交流力矩电动机、减速箱、开式齿轮传动轴、滚筒（电缆盘）、轴承座、电环装置以及底座所组成。

电动机所产生的扭矩通过减速箱和开式齿轮传动轴传至滚筒，使滚筒转动。所用的力矩电动机为开启式、强迫风冷、笼型转子、三相异步电动机，其转矩-转速特性为接近于斜直线的近似于恒功率特性，即当负载增加时，电动机的出轴转速能自动地随之降低，直至堵转。反之，则转速升高。而且力矩电动机能在连续堵转的情况下正常地工作。为了防水、防潮，在电动机上加一个机罩壳。

绞车的操作由三相自耦式调压器控制。调压器调定电压可以在 0～380V 的范围内变化。与此同时，绞车的转数或拉力也可以在零和额定值之间变化，使绞车能够获得一个合适的同步收缆速度以及电缆恒张力。

信号电缆一端与埋设犁相连，另一端穿过信号电缆绞车的滚筒和齿轮轴与集电环装置相连，借助于集电环装置中的集电环和触点，使埋设犁上的信号装置与驾驶室控制台相沟通。

（3）保养与注意事项

1）平时绞车必须用帆布罩盖好，每次使用前必须检查，确认安全可靠后方可使用；

2）两侧轴承及开式齿轮的啮合面必须定期补充润滑油；

3）二级圆柱齿轮减速箱中注加柴油机机油（HC-11）1.5kg，油面高度可由油标尺检查；

4）经常检查集电环装置，使集电环与触点接触良好；

5）交流力矩电动机工作时，鼓风机必须常开；

6）电器装置在使用中应注意防水、防潮；

7）保持绞车零件的完整清洁。

第 7 章

海缆登陆与线路保护

本章 7.1 节介绍常用的海缆登陆施工方法，包括绞车牵引登陆、浮球登陆和登陆艇布放登陆。7.2 节介绍海缆线路保护施工，包括线路保护、禁区划定、人井（水线房）建设、标志牌安装、标石安装、线路防护等。7.3 节介绍海缆的非开挖工艺。

7.1　海缆登陆施工

埋设起始一般结合海缆登陆进行，但登陆方法不同，操作也不一样，现以登陆艇登陆方式为例，介绍埋设始端的操作。

1）埋设作业船在预定登陆岸边抛锚，海缆头穿过甲板上的埋设犁，向登陆艇装载登陆用海缆。

2）装缆结束后，登陆艇解缆向后移动 1~2 个船位，便于埋设船放犁，待放犁完毕开始拖埋时，登陆艇应密切注视海缆受力情况，并及时通报埋设船。

3）在正常情况下，拖埋 300~500m 左右，登陆艇上的海缆未受到拖埋的作用力时，即可转入正常的埋设作业。如果登陆海缆受力较大时，要分析情况，指挥登陆艇倒车刹住海缆或放出海缆，必要时收犁重放。

4）当埋设到终点前，应预先将海缆末端封头，扎上钢丝网套，连接 300m 左右钢缆，其后再接 150m 左右浮绳（其长度视水深而定）当海缆末端离开船尾进入导缆笼并放出钢缆时，即开始收犁，撤除导缆笼、攀到海面时，浮绳下水，收犁完毕，从船首收回浮绳，换装浮标或进行海缆登陆。

1. 登陆作业的一般要求

1）登陆作业应事先制定详细的方案和计划；

2）必要时，应设置施工警戒船，以保证施工安全；

3）登陆段海底光缆冲沟埋设深度以及岸端预留光缆长度应符合工程合同和设计要求；

4）安装关节套管长度应符合工程合同要求；

5）海底光缆铠装在岸滩人井应牢固固定；

6）海底光缆穿越海堤方式应符合工程合同要求和相关管理部门的规定。

2. 绞车牵引登陆

方法适用于短距离（300m内）海缆登陆。

（1）具体方法

1）小艇或舢板一艘，将直径1in（英寸）左右的尼龙绳从海缆船送到岸边，也可以先送到岸上，再送回船上。

2）绳的一端用人力或绞车在岸上牵引。

3）牵至中途时，为减少阻力，小艇返回至海缆船，托着海缆浮送，待海缆上岸后再放入水中。

4）海缆登陆后，根据需要留有足够长度，然后固定海缆。

（2）注意事项

此法不宜在礁石、崎岖不平的岸滩上进行，否则海缆或绳索容易夹入石缝内致使工作造成困难和损伤海缆。

3. 用浮球登陆

此法操作简便、速度快，比较安全，对外径和重量较大的海缆，以及登陆距离不太远（1 000m内）较为合适。

（1）浮球登陆的具体方法

1）用布缆机将海缆从船首或船尾放出，先用单艇将海缆头固定在船上，以1 kn左右的速度向登陆点拖带，以适当的间隔系上浮球；

2）作业艇尽量靠近岸边后，将绳索送上岸边；

3）陆上采用绞车或拖拉机进行牵引；

4）交通艇将浮球收回（采用专门的长柄割刀，由深水向浅水逐个切割），海缆沉入海底，浮球由小艇收回。

浮球的间隔视海缆重量和浮球浮力的大小而定。

（2）浮球的间隔的计算

$$L = T/W$$

式中　L——浮球间的最大间距（m）；

　　　T——浮球充气后半没时的浮力（kg）；

　　　W——海缆的水中重量（kg/m）。

（3）浮球的固定方法采用浮球登陆要预先将浮球充好气（最好提前一天充气检查一下是否有漏气）。并绑好连接绳，连接绳可选用直径为10mm的白麻绳，长度尽量短些，并有一定的强度，登陆时，事先在电缆滑槽上标出浮球间隔，在海缆下水前，白麻绳采用蝴蝶结将浮球拴系在海缆上。

4. 登陆艇布放登陆

此法在登陆距离1 000m以上或更长距离时选用，应选择风浪不大的天气，

掌握好拖带的安全，才能取得较好的效果。

（1）具体方法

1）装有放线滑轮及制动装置的登陆艇或平底船靠于海缆船后或船边，海缆通过缆机，从船上拉出装在登陆艇上，盘绕成圈形或"8"字形；

2）待一切工作就绪后，登陆艇离开海缆船，向预定登陆点行驶，同时放出海缆，直至岸边；

3）当登陆艇登陆后，将剩余海缆拉上岸，作临时固定，完成登陆。

（2）登陆艇布放登陆注意事项

登陆作业的时机应该选择在高潮前1h较合适。这样可以避免登陆船只搁浅，且在满潮前，船只可尽量靠近岸边，缩短滩头距离。

在登陆距离较远的场合，为了减少在登陆艇上的装载工作量，可用登陆艇拖带和布放相结合的海缆登陆方法。

拖带速度大约1m/s，此法必须使拖带速度和海缆船放缆速度配合好，防止海缆受力过大。注意拖带固定处海缆弯曲半径，拖带不宜在礁石的岸滩进行。

遇到登陆滩地坡度小，登陆距离超过2km以上，倒缆作业时间较长，利用潮水有困难时，可采用在登陆点附近足够水深的海域抛锚，装载好登陆用的海缆，然后充分利用潮高，由海缆船拖带登陆艇驶向预定登陆位置，实施登陆放缆。

7.2　海缆线路保护施工

7.2.1　线路保护

1.海中段保护

海底光缆线路一般情况应通过加强铠装或加大海底光缆埋设深度等进行加固，在特殊海域（如海底地质为石质）不能埋设时，可采取在海底光缆外安装关节套管（对开式铸铁套管）、耐磨塑料管或增加钢丝铠装护层并加以固定等措施进行加固。

2.近岸段保护

近岸段海底光缆应采用下列方法进行加固：

1）近岸段底质为泥沙质时进行人工冲（挖）埋，其深度通常不能小于1.2m或根据工程具体要求确定；

2）近岸段底质为礁石或基岩时应先开沟，并对海底光缆安装关节对开式铸铁套管保护，再覆盖石笼或水泥砂浆袋对海底光缆进行被覆，开沟深度不应小于0.8m或根据工程具体要求确定。

3. 潮间带保护

潮间带海底光缆应采用下列方法进行加固：

1）潮间带段海底光缆应全程安装关节对开式铸铁套管保护；

2）地质为泥沙质时应挖沟并搬石回填保护，沟深度通常不能小于 1.2m 或根据工程具体要求确定；

3）地质为礁石或水泥等不宜开沟之处时，应用混凝土或其他方式对其进行被覆。

4. 岸上段保护

岸上段海底光缆应采用下列方法进行加固：

1）地质为泥沙质时进行直接埋设，其深度不应小于 1.2m 或根据工程具体要求确定；

2）地质为礁石或水泥等不宜开沟之处时，应先对海底光缆安装关节对开式铸铁套管保护，然后再用混凝土对其进行被覆；

3）所处地段易被洪水冲刷或坡度较大时，应对海底光缆进行深埋或设挡土墙；

4）海底光缆需穿越海堤、公路时，应先与有关方联系，共同协商采用合理措施进行保护。

7.2.2　禁区划定

海底光缆线路敷设后应视保密程度将路由及设施位置等有关资料报送海洋管理部门及有关单位，必要时申请在海图上将海底光缆路由及两侧各一定范围划为禁止抛锚渔捞区。具体按国家和军队有关规定执行。

7.2.3　人井（水线房）建设

1）登陆点水线房（井）建筑要便于存放余缆和接续设备，防潮、防渗、防漏；

2）建筑基础和墙体应为石砖结构，房顶为钢筋混凝土结构；房屋两侧地下深 0.8m 处预留光缆引入孔；

3）地面建筑为混合结构，房顶为钢筋混凝土结构；

4）当建筑为水线井时，应采用井口长为 2.0m、宽为 1.0m 的钢筋混凝土结构，井壁预理引入管。

7.2.4　标志牌安装

海底光缆登陆标志牌的设立及其结构与安装应符合如下要求：

1）当海底光缆登陆点临近港口、码头、渔港等过往船只较多的地方时，应设立海底光缆登陆标志牌；

2）标志牌的结构及安装应符合相关规定；

3）标志牌应设在地势高、无遮挡的地方；

4）标志牌的高度可根据设立地点的地形确定，应保证其在航道上可视；

5）保密需要时，可不设标志牌。

7.2.5 标石安装

1. 线路标石安装

海底光缆线路标石的设立应符合如下要求：

1）岸上段线路标石的设立位置、规格及标记、埋设方法等应符合 GJB 1633—1993 中 2.2.2 的规定；

2）标石的编号顺序应由终端站沿海底光缆路由向入海方向依次编排；

3）潮间带的海底光缆路由上应设线路入海方向标石组，标石组一般应由三块标石组成，间距 2~3m，标石的顶端中间应标有方向箭头指向入海海底光缆的路由方向；

4）所有标石埋设后必须做好记录。

2. 监测标石安装

海底光缆线路监测标石的设立应符合如下要求：

1）海底光缆线路监测标石应设立在人井周围半径 3m 范围内，海底光缆监测线通过人井内部预留孔引出；

2）监测标石规格及标记、埋设方法等应符合相关规定；

3）监测标石内部应保持干燥，盖口处应涂抹润滑油以便开启。

7.2.6 线路防护

1. 防雷

陆埋海底光缆线路防雷应符合如下规定：

1）线路通过雷区时，应避开地面上高于 6.5m 的孤立电杆及其拉线、高耸建筑物及其保护接地装置，其间距要求见表 7-1。

表 7-1 海底光缆与电杆、高耸建筑物之间的防雷净距

土壤电阻率/Ω·m	净距/m
≤100	>10
101~500	>15
>500	>20

2）线路与孤立大树之间距离要求见表 7-2。

表 7-2 海底光缆与孤立大树之间的防雷净距

土壤电阻率/Ω·m	净距/m
≤100	>15
101~500	>20
>500	>25

注：净距离以树根半径为 5m 计算，对于树根半径大于 5m 的大树应按实际情况加大距离。

3）海底光缆水线房（井）应设防雷保护装置，海底光缆铠装应与防雷保护装置接地体进行连接；防雷保护装置的安装及部件的连接均应为焊接，焊点应光洁、牢固。

4）防雷保护装置的接地电阻不应大于 5Ω，在土壤电阻率大于 100Ω·m 的地区其接地电阻不应大于 10Ω。

5）海底光缆内金属导体与陆地光缆导体的连接应符合工程设计文件的规定。

6）易遭雷击的海底光缆陆埋地段应布放排流线。

2. 防强电

有必要时采取相应防护措施。

3. 防腐蚀

在选择海底光缆路由时，应避开海水硫化物含量大于 100mg/kg 的海区；陆埋海底光缆在通过腐蚀性较大的地区时，应采用防腐海底光缆或在海底光缆上采取相应措施加以保护。

第 8 章

海缆的维护与维修

由于海底光缆路由环境复杂多变，受潮汐、海流、海底地质、船泊抛锚、渔捞作业等因素影响较大，使得海底光缆的受损情况非常严重，造成了巨大的经济损失，所以加强对海底光缆维护管理及采取必要的保护措施是非常重要的。而且海底光缆维护与修理技术复杂、环节众多，因此要求维护人员必须严格执行海缆维护管理规定，搞好科学管理，不断提高海底光缆的实际效益，确保海缆线路的畅通。

8.1 海缆的维护制度及内容

1. 日常维护

海底光缆的日常维护主要由海缆维护分队或驻岛部队的通信人员负责，每周要进行一次登陆点及终端设备的维护保养。其内容如下：

1）在最低潮时，查看近岸埋设海缆是否外露；

2）查看近岸（陆地）海缆路由上是否有船只抛锚、捕捞、挖沙、建筑、挖掘等可能损坏海缆的情况；

3）检查登陆局内所有终端设备工作情况；

4）检查中发现问题应立即进行处理，不能处理的重要情况及时报告。

2. 定期维护

海底光缆的定期维护应由本级通信部门和海缆船、维护分队共同制订计划，至少每年一次，干线海底光缆及重点设防地区的海底光缆每年两次，其主要维护项目如下：

1）有关局站或海缆维护分队应对所使用维护的海缆进行光传输性能的测试，并作详细记录；

2）根据测试结果，集中力量维护性能下降的海底光缆；

3）对登陆点风浪潮汐容易被冲刷的海缆进行加固；

4）维护保养禁示牌、保安器的地线、避雷针。

8.2　海缆的保护措施

为了保证海底光缆能长期稳定工作，除了认真执行维护制度外，还要防止船只抛锚、捕捞作业等人为的损坏。根据我国保护海底光缆的规定和国际公约，并结合我国的实际情况，提出下列保护措施。

1）浅海海缆实行埋设化：这是保护海缆最经济、最有效的办法。海缆埋设后能有效地防止抛锚、渔捞的损坏，并能减轻电化学和生物对其外护层的侵蚀，延长海缆的使用寿命。因此，浅海海缆埋设已成为各国目前建设海缆的必备保护措施，而且正在朝着加大埋设深度以及扩大埋设范围的方向发展。

2）设立海底光缆保护禁区：禁区的划分应根据有关的规定，充分考虑海区的具体情况，并征求海洋主管部门的意见。在海底光缆的保护禁区内，禁止船舶抛锚、拖网、养殖、捕捞及其他一切危及海缆安全的作业。

3）加强保护海底光缆通信线路法规的宣传教育：使广大人民群众认识到通信海缆的重要性，以及一旦遭到损坏其后果的严重性和危害性，从而使保护海缆成为广大群众的自觉行动。

4）尽可能地利用现有观测手段，维护禁区的权益：禁区一经公布就具有法律效力，观通站、信号台发现违禁情况及时通报、及时处理，不仅可以大大减少海缆故障次数，也便于查到肇事船。

5）加强损坏海缆线路后的查处：当线路中断后，要及时分析中断的原因，如人为所致，应尽快查找线索严肃追究肇事者法律责任和经济赔偿。查找过程就是向群众宣传教育的过程，处理过程也就是巩固海缆线路稳定的过程。

第 9 章

海缆作业配套设备

海缆作业船专门从事海缆的敷设、埋设、维修和装载运输，同时也承担部分海缆路由勘查任务。它不同于一般的船舶，其船舶性能需要满足海缆作业的特殊要求，并根据作业特点安装配置某些特殊装置和专用设备。海缆作业除了需要布缆设备和埋设设备外，还需要许多海缆作业配套设备，包括海缆测试设备、海缆维修打捞设备和海缆接续设备及其相应的配套器材等。本章 9.1 节介绍海缆测试设备及其技术性能，包括光时域反射仪、绝缘电阻测试仪、耐压测试仪、接地电阻测试仪、HL25-3 型海缆故障仪和 CS-1 型海缆综合探测设备。9.2 节介绍海缆维修打捞设备及器材，包括打捞锚设备、钢丝绳及链条、纤维缆绳、索具及连接件、海缆制动器、浮标、登陆浮球、深海声学释放器、平台吊笼、拴紧带和其他工具及器材等。9.3 节介绍海缆接续设备及工具器材，重点介绍海缆接续设备。

9.1 海缆测试设备

海缆在日常维护和维修时，常常需要对光纤的衰减和光纤后向散射曲线进行测试，还需要对海缆接地装置的接地电阻、金属护套对地绝缘以及海缆故障点进行测试等。

9.1.1 光时域反射仪

光时域反射仪（Optic Time Domain Reflectometer，OTDR），又称后向散射仪或光脉冲测试器（见图 9-1），可用来测量光纤的插入损耗、反射损耗、光纤链路损耗、光纤长度、光纤故障点的位置及光功率沿路由长度的分布情况等。

测量波长：1 550nm

距离分辨率：0.1m

测量范围：最大达到 300km

动态范围：50dB

衰减分辨率：0.001dB

9.1.2 绝缘电阻测试仪

绝缘电阻测试仪（见图 9-2）用于测量海底光缆或接头盒对地绝缘电阻。

测试电压分为六档：500V、1 000V、2 500V、5 000V、10 000V、12 000V

准确度：（0Ω～99.9GΩ）±5%，（100GΩ～10TΩ）±20%

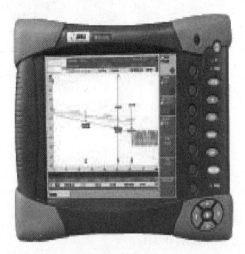

图 9-1 光时域反射仪

图 9-2 绝缘电阻测试仪

9.1.3 耐压测试仪

耐压测试仪（见图 9-3）用于测试海底光缆绝缘层对地的耐电压能力。

电压：AC \ DC 0～5kV 可调

设置范围：0.5～999s

接口：EXT I/O，EXT SW，RS-232C

9.1.4 接地电阻测试仪

接地电阻测试仪（见图 9-4）用于测试接头人井中接地端子的接地电阻值。

测量电压：AC 20/48V

分辨率：0.001～100Ω

测量量程：0.001Ω～299.9kΩ

测量频率：94Hz、105Hz、111Hz、128Hz

图 9-3 耐压测试仪

9.1.5 HL25-3型海缆故障仪

HL25-3型海缆故障仪用于精确探测海缆路由位置、精确探测海缆接地故障点，以及引导潜水员水下找缆或引导冲吸泥装置作业。HL25-3型海缆故障仪由海缆探测发信仪、海缆探测接收机和HL25-3型水面探测棒组成。

图9-4 接地电阻测试仪

1. 海缆探测发信机（见图9-5）

最大输出功率：350W

输出信号频率：25Hz

频率稳定度：$\leqslant 10^{-5}$

输出电流：0~1 000mA

输出电压：0~350V

电路形式：（IGBT）SPWM 脉冲宽度调制方式

输出仪表：频率表为3位数字频率表，分辨率0.1Hz；

           电压表为4位数 RMS 数字电压表，分辨率1V

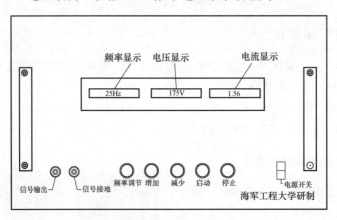

图9-5 发信机面板示意图

2. 海缆探测接收机（见图9-6）

水平误差：±深度×5%

使用最大水深：50m

探测范围：水深为 10m，海缆两侧>500m

工作频率：25Hz

接收灵敏度：<-120dB

仪表显示：指针表头

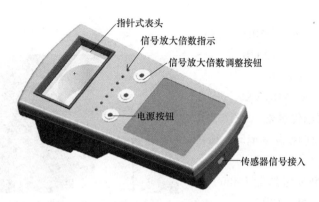

图 9-6　接收机外形图

3. HL25-3 水面探测棒

电感：14.6H

外尺寸：直径为 100mm，长度为 460mm

缆线长：15m

工作方式：水面使用

9.1.6　CS-1 型海缆综合探测设备

CS-1 型海缆综合探测设备是配置有有效轻便的海缆埋深探测功能，在 3m 距离内有着很高的探测精度，其埋深探测误差小于 5%，非常适合浅海海域潜水员施工和小型 ROV 搭载施工。CS-1 型海缆综合探测设备由海缆探测发信设备、信号检测单元和潜水探测传感器三部分组成。

1. 海缆探测发信设备（见图 9-7）

最大输出功率：1 500W

输出信号频率：25Hz、50Hz、133Hz

频率稳定度：$\leqslant 10^{-5}$

输出电流：0~1 000mA

输出电压：0~1 500V

输出信号频率：25Hz、50Hz、133Hz

2. 信号检测单元

误差：±深度×5%（3m 埋深时

图 9-7　发信机

典型值)

使用最大水深：50m（如搭载 ROV 上可预留标准 ROV 信号接口）

测范围：0~4m

工作频率：25Hz、50Hz、133Hz

接收灵敏度：<-120dB

仪表显示：笔记本

操作系统：WINDOWS

3．潜水探测传感器（见图 9-8）

外尺寸：直径为 80mm，长度为 800mm

缆线长：50m 可选配 150m

工作水深：50~100m

工作方式：潜水员手持使用或水下载体搭载

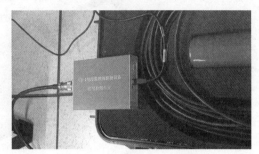

图 9-8　CS-1 接收机和探测棒

9.2　海缆维修打捞设备

海底光缆维修打捞设备及器材主要用于海底光缆故障的修理和打捞。维修打捞设备及器材由船上枪帆部门的枪帆班负责管理、维护和使用。

9.2.1　打捞锚设备

捞缆锚主要用于海底光缆的打捞、路由清障扫海以及海底定位等。

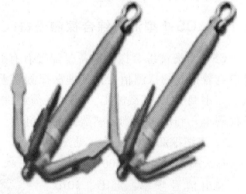

图 9-9　国外的五爪捞缆锚

1．五爪捞缆锚

五爪捞缆锚为常用捞缆锚（见图 9-9），主要用于海底底质为泥沙的海光缆的打捞。有两种型号：工作拉力都是 7.5t，试验拉力为 15t；重量为 120kg 和 170kg；尺寸为 1 100mm×740mm×740mm 和 1 200mm×840mm×840mm。

2．多联型捞缆锚

多联型捞缆锚也叫捞缆钩（见图 9-10），英文名称为 GIFFORD，主要用于岩石底质的海光缆的打捞，也可与 RENNIE 锚配合使用。有两种型号，工作拉力分别是 10t 和 15t，试验拉力为 20t 和 30t；重量为 165kg 和 90kg；尺寸都为 3 000mm×

270mm×270mm。

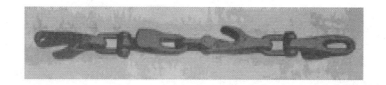

图 9-10　多联型捞缆锚

3．蘑菇锚

蘑菇锚（见图 9-11），主要在海光缆维修时，用于抛浮标后海光缆在海底的固定。配有两种型号，重量为 100kg 和 150kg。尺寸为 750mm×550mm×550mm 和 880mm×660mm×660mm。

4．剪切打捞锚

剪切打捞锚，英文名称为 Flatfish Holding（见图 9-12），主要用于泥沙底质的海光缆水下剪切和打捞，适用于铺设在海底（埋设深度为零）、海缆未断、没有打捞余量的海光缆。有两种型号，一种是短齿的，一种是长齿的。工作拉力都是 10t，试验拉力为 20t；重量为 325kg 和 310kg；尺寸为 1 230mm×920mm×970mm 和 1 230mm×920mm×660mm。

图 9-11　蘑菇锚

图 9-12　Flatfish Holding 锚

5．岩石锚

岩石锚，英文名称为 RENNIE（见图 9-13），主要用于岩石底质的海光缆的打捞，与多联型捞缆锚配合使用。工作拉力 10t，试验拉力 20t；重量为 30kg；尺寸为 2 100mm×400mm×400mm。

图 9-13　RENNIE 锚

6. 扫海锚

扫海锚，英文名称为 Sliding（见图 9-14），主要用于海光缆路由清障扫海。工作拉力 10t；试验拉力 20t；重量为 330kg；尺寸为 1 780mm × 1 060mm×1 060mm。

7. 深海光缆打捞剪切锚

深海光缆打捞剪切锚（见图 9-15），适用于深海光缆的打捞。主要由框架、检测和控制机构、握持机构、剪切机构、释放机构、内置辅接钢缆缆盘、电子舱、阀舱及液压系统等组成。捞到海光缆时，依次完成拖锚打捞、握持和剪切，能将双头提出水面。

图 9-14　Sliding 锚

图 9-15　深海光缆打捞剪切锚

主要技术指标如下：

1）适用最大工作水深：3 700m；

2）打捞剪切海缆（非埋设）直径：LW cable；

3）打捞方式：水下切断海缆，一次打捞将双断头提出水面。

9.2.2 钢丝绳及链条

钢丝绳及链条与打捞锚等配套使用，用于海缆的打捞、浮标的投放和海缆的固定。

1. 钢丝绳

钢丝绳与打捞锚等配套使用，用于海缆的打捞；与浮标配套使用，用于浮标的投放。

1）6×37S（a）类（见图9-16b）

2）6×19（b）类（见图9-16a）

钢丝绳结构如图9-16所示，主要性能指标见表9-1。

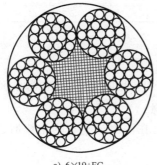
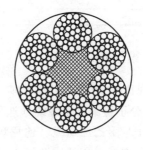

a) 6×19+FC　　　　　　　　　b) 6×37S+FC

图 9-16　钢丝绳结构图

表 9-1　钢丝绳性能指标

序号 \ 型号	钢丝绳直径 /mm	参考重量 /（kg/km）	公称抗拉强度 /MPa	最小破断拉力 /kN
6×37S(a)+FC	28	2 910	1 960	507
6×37S(a)+FC	16	950	1 960	166
6×19(b)+FC	10	344	1 870	57.4

2. 链条

链条（见图9-17）与打捞锚等配套使用，用于海缆的打捞；另外可用于海缆的固定。

1）材料：含有 Cr、Ni、Mo 的优质合金；

2）强度等级：G80；

3）安全保证：4 倍安全系数。

链条外形如图 9-17 所示，其主要参数见表 9-2。

图 9-17　链条外形图

表 9-2　链条性能指标

型号（直径）d_n /mm	极限工作 负荷/t	单位长度 重量/（kg/m）	试验负荷 /kN	最小破断 负荷/kN
26	21.2	15.2	531	849
20	12.5	9	314	503
16	8	5.7	201	322

9.2.3　纤维缆绳

纤维缆绳在深海光缆打捞维修时，用于打捞用的锚缆以及深海浮标用的锚缆。

1. 超高分子量聚乙烯绳缆（迪尼玛绳）

超高分子量聚乙烯绳缆（迪尼玛绳）在深海光缆打捞维修时，用于打捞用的锚缆以及深海浮标用的锚缆。

1）比重为 0.97，可浮于水面；

2）具有耐腐蚀、耐疲劳、耐磨、抗红外线及优越的电绝缘性能；

3）使用温度：−70~80℃。

超高分子量聚乙烯绳缆外形结构如图 9-18 所示，主要性能指标见表 9-3。

图 9-18　超高分子量聚乙烯绳外形图

表 9-3 超高分子量聚乙烯绳性能指标

型号	缆绳直径/mm	保护层厚度/mm	最小破断力/kN
φ28	28	4	480
φ16	16	2	160

2. 聚丙烯丙纶长丝绳

聚丙烯丙纶长丝绳用于深海浮标的小标缆。

1）比重 0.91，可浮于水；

2）干湿态强度一致；

3）柔软光滑易操作；

4）使用温度：$-40 \sim 80$℃。

3. 聚酰胺锦纶复丝绳（尼龙）

聚酰胺锦纶复丝绳（尼龙）用于海缆的临时保险制动。

1）比重 1.14，沉于水；

2）具有良好的耐腐蚀性、高强度、伸长率大；

3）优越的抗冲击性能；

4）使用温度：$-70 \sim 100$℃。

聚丙烯丙纶长丝绳（丙纶）和聚酰胺锦纶复丝绳（尼龙）的外形结构如图 9-19 所示，主要技术指标见表 9-4。

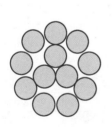

a)

b)

图 9-19 聚丙烯丙纶长丝绳和聚酰胺锦纶复丝绳（尼龙）外形结构图

表 9-4 聚丙烯丙纶长丝绳和聚酰胺锦纶复丝绳性能指标

名称	直径/mm	最低断裂强度/kN	线密度/（kg/km）
聚丙烯丙纶长丝绳（丙纶）	20	56.9	180
聚酰胺锦纶复丝绳（尼龙）	40	294	990

4. 麻绳和白棕绳

麻绳和白棕绳主要用于浮球绳、器材的临时捆扎和固定等。

9.2.4 索具及连接件

索具及连接件用于吊放捞缆锚、接头盒等设备。

1. 索具

索具与甲板吊配套使用，用于吊放捞缆锚、接头盒等设备。

索具的破断拉力为额定载荷的 5 倍，符合标准 GB/T 16271—2009《钢丝绳吊索·插编索扣》的规定。

插编索具的外形如图 9-20 所示，主要技术指标见表 9-5。

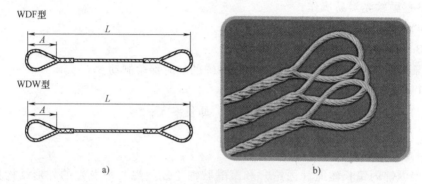

图 9-20　插编索具外形图

表 9-5　插编索具性能指标

型号	钢缆直径 /mm	额定负荷 /kN	近似套长 A /mm	总长 L /mm
WDF32-2000	32	76	640	2 000
WDF28-1000	28	58	560	1 000
WDF28-2000	28	58	560	2 000
WDF24-1000	24	42	480	1 000
WDF24-2000	24	42	480	2 000
WDF20-1000	20	30	400	1 000
WDF20-2000	20	30	400	2 000
WDF16-1000	16	19	320	1 000
WDF16-2000	16	19	320	2 000
WDF12-1000	12	11	260	1 000
WDF12-2000	12	11	260	2 000

2. DW 型卸扣

采用 T8 级高级优质合金结构金刚，最大试验载荷为额定工作载荷的两倍，最小破断载荷为额定工作载荷的 4 倍。

DW 型卸扣的外形如图 9-21 所示，主要技术指标见表 9-6。

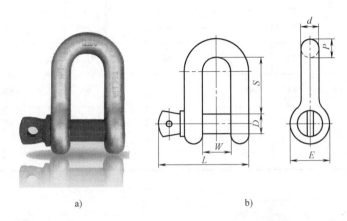

a)   b)

图 9-21 DW 型卸扣外形图

表 9-6 DW 型卸扣性能指标

型号	额定载荷/t	W/mm	D/mm	d/mm	E/mm	P/mm	S/mm	L/mm	自重/kg
T-DW2.5-7/16	2.5	19	14	11	27	11	36.5	62	0.2
T-DW5-5/8	5	27	20	16	38	16	51	88	0.57
T-DW9.5-7/8	9.5	36.5	27	22.5	53	24.5	71.5	121	1.57
T-DW15-1 1/8	15	46	33	29	68.5	32	91	153	3.42
T-DW21-1 3/8	21	57	39	35	84	38	111	184.5	6.46
T-DW30-1 1/2	30	60.5	42	38	92	41	122	199	7.65
T-DW50-2	50	82.5	60	51	122	51	171.5	271	18.63

3. BW 型卸扣

采用 T8 级高级优质合金结构钢，最大试验载荷为额定工作载荷的两倍，最小破断载荷为额定工作载荷的 4 倍。

BW 型卸扣外形如图 9-22 所示，主要技术指标见表 9-7。

表 9-7 BW 型卸扣性能指标

型号	额定载荷/t	W/mm	D/mm	d/mm	E/mm	P/mm	S/mm	L/mm	O/mm	自重/kg
T-BW 2-3/8	2	17	12	9.5	23	9.5	36.5	52.5	26	0.13
T-BW 3.25-1/2	3.25	20.5	16	13	30	13	48	70.5	33	0.3

（续）

型号	额定载荷/t	W/mm	D/mm	d/mm	E/mm	P/mm	S/mm	L/mm	O/mm	自重/kg
T-BW 7-3/4	7	32	22	19	46	20.5	71.5	102.5	51	1.09
T-BW 12.5-1	12.5	43	30	25.5	60.5	27	95	139	68.5	2.5
T-BW 18-11/4	18	51.5	36	33	76	35	119	170.5	82.5	4.89
T-BW 40-13/4	40	73	52	47	106.5	57	178	244	127	13.72

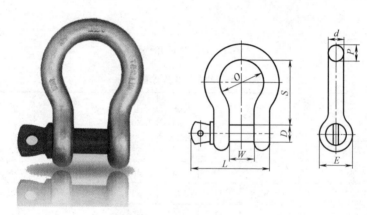

图 9-22　BW 型卸扣外形图

4. 钢丝绳夹

产品符合 GB/T 5976—2006《钢丝绳夹》的要求，钢丝绳夹外形如图 9-23 所示，其主要参数见表 9-8。

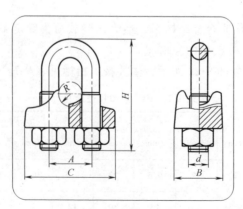

图 9-23　钢丝绳夹外形图

表 9-8　钢丝绳夹性能指标

绳夹公称尺寸 （钢丝绳公称直径 d） /mm	尺寸/mm					螺母 GB 52—1976 d
	A	B	C	R	H	
$\phi10$	21.0	23	44	5.5	51	M10
$\phi16$	31.0	32	63	8.5	77	M14
$\phi20$	37.0	37	74	10.5	92	M16
$\phi24$	45.5	46	91	13.0	113	M20
$\phi28$	51.5	51	102	15.0	127	M22

5. 钢丝绳套环

产品符合 GB/T 5974.1—2006《钢丝绳用普通套环》的要求，钢丝绳套环外形如图 9-24 所示，其主要参数见表 9-9。

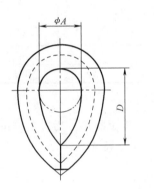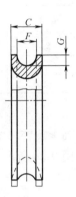

图 9-24　钢丝绳套环外形图

表 9-9　钢丝绳套环主要参数

钢索直径 /mm	F_{max} /mm	F_{min} /mm	C /mm	A /mm	D/ mm	G /mm
$\phi28$	32.2	30.1	49.0	70	126	15.4
$\phi16$	18.4	17.2	28.0	40	72	8.8
$\phi14$	16.1	15.1	24.5	35	63	7.7
$\phi10$	11.5	10.8	17.5	25	45	5.5

6. 滚柱轴承旋转环

滚柱轴承旋转环与半圆环配套使用，用于深海打捞缆之间的连接。

滚柱轴承旋转环外形如图 9-25 所示，主要性能见表 9-10。

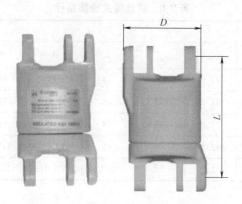

图 9-25　滚柱轴承旋转环外形图

表 9-10　滚柱轴承旋转环主要参数

规格	WLL/t	适用链 尺寸/mm	L /mm	D /mm	重量/kg
SKLI-13-8	5.4	13	120	75	2.82
SKLI-16-8	8.0	16	137	90	4.72
SKLI-18/20-8	12.5	19	159	104	7.11

7. 半圆环

半圆环与滚柱轴承旋转环配套使用，用于深海打捞缆之间的连接。

半圆环外形如图 9-26 所示，主要性能见表 9-11。

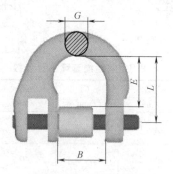

图 9-26　半圆环外形图

表 9-11　滚柱轴承旋转环主要参数

名称	规格	WLL/t	适用链条 尺寸/mm	L /mm	B /mm	G /mm	E /mm	重量/kg
半圆环	SKT-13-8	5.4	13	44	30	15	33	0.393
半圆环	SKT-16-8	8.0	16	52	36	19	40	0.675
半圆环	SKT-18/20-8	12.5	19	63	43	22	48	1.084

8. 链条卸扣

链条卸扣本体采用优质合金结构钢整体模锻成形，最大试验载荷为额定工作载荷的两倍，最小破断载荷为额定工作载荷的 4 倍。

G63 链条卸扣外形如图 9-27 所示，主要技术参数见表 9-12。

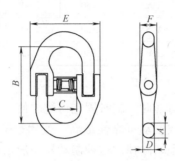

图 9-27　G63 链条卸扣外形图

表 9-12　G63 链条卸扣主要技术参数

型号	适用链条直径 /mm	额定载荷 /t	A /mm	B /mm	C /mm	D /mm	E /mm	F /mm	自重 /kg
HDH12	12	3.5	17.5	94	37	13.5	88	20	0.67
HDH16	16	6	23	114	45	18	110	27	1.61
HDH20	20	10	28	131	50	23	130	34	2.73
HDH26	26	17	37	166	63	30	164	45	5.93

9.2.5　海缆制动器

海缆制动器主要用于在接续和打捞海缆时，临时固定海缆。

1. 预制钢丝制动器

预制钢丝制动器为一次性使用器材，在海缆接续时使用，一次使用两根，制动器的端分别缠绕在接头盒两侧的海缆上，另一端分别在船甲板上固定。接续完毕后，分别牵引预制钢丝的一端，连同海缆投入海底。这种制动器有多种型号，以适应不

图 9-28　预制钢丝制动器外形图

同直径的海缆，又是一次性使用，因此使用成本较高。预制钢丝制动器的外形如图 9-28 所示，主要技术指标见表 9-13。

表 9-13　预制钢丝制动器主要参数

名称	适应海缆直径/mm	适用海缆类型	安全工作拉力/kN	破断拉力/kN	外形尺寸 $(L×W×H)$/mm	重量/kg
预制钢丝 A 型	37.5	DA	≥55	220	3 000×45×45	17
预制钢丝 B 型	33~35	DA	≥50	190	3 000×40×40	16
预制钢丝 C 型	28~29	SA、SA	≥50	160	3 000×34×34	12
预制钢丝 D 型	23	SA	≥50	145	3 000×27×27	11

2. 链式制动器

链式制动器用于打捞海缆时，临时固定海缆。使用时一端缠绕在海缆上，另一端固定在船甲板上。链式制动可靠性最高，使用很简单，但对海缆损伤最大，使用后，一般要将此段海缆切除掉。这种制动器一般用在铠装海缆上使用。链式制动器的外形如图 9-29 所示，主要技术指标见表 9-14。

表 9-14　链式制动器主要参数

名称	工作负荷/t	试验负荷/t	长度/m
链式制动器(小)	7.5	15	4.3
链式制动器(大)	12	24	5

3. 制动器

制动器用于接续海缆时，临时固定海缆。使用时一端在海缆上编织成网套，另一端固定在船甲板上。BTL 制动器对海缆的损伤较小，但网套编织时较复杂。此种制动器适用于有铠或无铠海缆。BTL 制动器的外形如图 9-30 所示，主要技术性能如下：

1）6m 钢丝绳 2 根、8m 钢丝绳 2 根、10m 钢丝绳 2 根；

2）安全工作负荷 12t，试验负荷 24t。

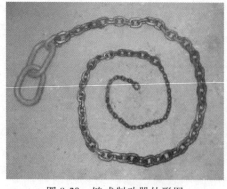

图 9-29　链式制动器外形图

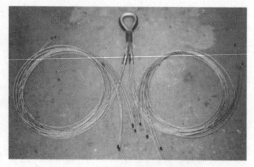

图 9-30　BTL 制动器外形图

4. 钢丝网套制动器

旋转头拉线网套，在海缆登陆时使用，使用时将网套从海缆端头套入。钢丝网套制动器的外形如图 9-31 所示，主要技术性能见表 9-15。

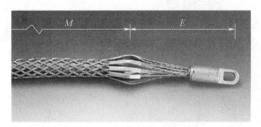

图 9-31　旋转头拉线网套

表 9-15　旋转头拉线网套主要参数

适用海缆 直径/mm	使用拉力/tf	破断拉力/tf	锁紧长度 M/mm	拉眼长度 E/mm
$\phi 17 \sim 25$	8	32	1 300	300
$\phi 25 \sim 37$	12	48	1 500	400
$\phi 37 \sim 50$	12	48	1 800	500

注：1tf ≈ 10kN。

9.2.6　浮标

浮标用于深海浮标的小标（与深海浮标配合使用）或路由故障探测标志。

浮标主要分为以下几类：

1）A300 型小三角标，主要用做深海浮标的小标（与深海浮标配合使用）或路由故障探测标志用；

2）A450 型大三角标，主要用于水深 20m 以浅的海域（见图 9-32）；

图 9-32　三角浮标

3）鱼雷形浮标，主要适用于水深 20 ~ 200m 的海域（见图 9-33）；

4）海深浮标，主要适用于水深大于 200m 的海域（见图 9-34）；

5）QF-100 型潜水遥控浮标。

9.2.7　登陆浮球

登陆作业时用于将海光缆浮起。使用时充气成桶状，不用时放气折叠后按要

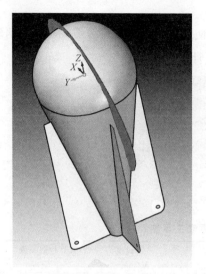

图 9-33　鱼雷形浮标

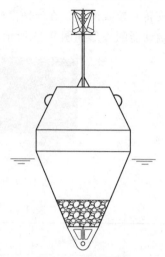

图 9-34　深海浮标

表 9-16　浮标性能

设备名称	全没浮力/kg	半体浮力/kg	工作浮力/kg	重量/kg
A300 三角标	15	7.5	2	5.7
C450 三角标	39	19.5	10	10
鱼雷形浮标	168	84	37	47
深海浮标	—	—	2 000	1 400

求存放于专用箱内，每箱 10 个，如图 9-35 所示，主要技术指标如下：

1）浮囊成型尺寸：直径为（500±10）mm；

2）浮囊的最大浮力：190kg；

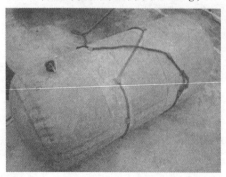

a)　　　　　　　　　　　　　　　　　　b)

图 9-35　充气浮球

3）浮囊的工作浮力：95kg；

4）工作压力：13.4kPa；

5）浮囊的自重：（2±0.2）kg。

9.2.8　深海声学释放器

深海声学释放器主要用于修理后的深海光缆从船甲板投放至海底（见图9-36和图9-37）。主要由深水声学释放应答器、甲板控制单元、换能器（含67m电缆）等部分组成。释放器负载能力为5 500kg，适用水深为6 000m。

图 9-36　声学释放应答器

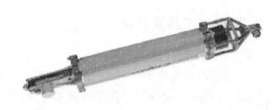

图 9-37　声学释放器甲板单元

9.2.9　平台吊笼

HY-4型平台吊笼（见图9-38）用于海缆船作业人员（物资）上下船，使用该平台吊笼时，上下平台人员均站于吊笼内。

1）测试负荷：2.3t；

2）底盘直径：1 420mm；

3）开展总高：6 320mm；

4）额定负荷：530kg；

5）额定载员：4 人；

6）重量：约60kg。

图 9-38　平台吊笼

9.2.10　拴紧带

拴紧带用于出海时，临时上船设备的固定。其外形如图9-39所示，主要参数见表9-17。

图 9-39　LS01 型钢丝绳套环外形图

表 9-17　钢丝绳套环主要参数

产品型号	破断载荷/kg	适用带宽/mm	总体长度/m
LS01-10	10 000	100	10
LS01-08	8 000	75	10
LS01-05	5 000	50	10

9.2.11　工具及器材

1. 鹰嘴钳（见图 9-40）

用于对边宽度 10~32mm（3/8″~5/4″）的六方头螺钉及螺母，自锁范围 17~32mm（11/16″~5/4″），在工件上不打滑，且只需要较小的夹持力。

可以代替整套扳手使用。

图 9-40　鹰嘴钳外形图

2. 钢丝钳（见图 9-41）

1）坚固的结构适合于通用的重型作业；

2）高传动使剪切更轻松；

3）优化传动，比常规钢丝钳省力 40%；

4）刀口额外经感应淬火处理，刀口硬度约为 64HRC；

5）钒合金电轧钢制成，经油淬处理。

图 9-41　钢丝钳外形图

3. 剪钳（见图 9-42）

1）剪切硬度达到 48HRC；

2）刀片由优质的铬钒钢制造，经特殊淬火和退火处理，刀口硬度 62HRC。

a) 7172910　　　　　　　　　　　　b) 7172610

图 9-42　剪钳外形图

4. 管钳（见图 9-43）

数控车床制作，进退自由，轻便。

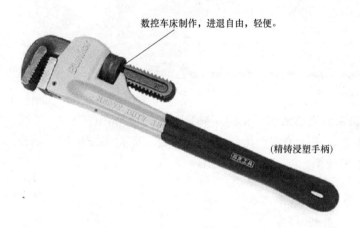

(精铸浸塑手柄)

图 9-43　管钳外形图

1）钳口能相互咬合的钳牙可提供强劲的夹紧效果；

2）钳头采用高碳钢精铸而成，整体热处理；

3）浸塑手柄，防滑、省力。

5. 马刀锯（见图 9-44）

1）机身小巧，可单手操作，适合狭小的操作空间，或者其他小工作量的工作；

2）可切割金属（钢管、钢筋、电线及电缆）、木头和塑料；

3）采用博世高级锂电技术，使用寿命延长 400%，同时单次使用时间也大幅增加；

4）配备 LED 灯，即使在黑暗处也可正常工作。

6. 金属切割机（见图 9-45）

可快速切割软钢、角铁、铁管、槽铁、不锈钢等材料。

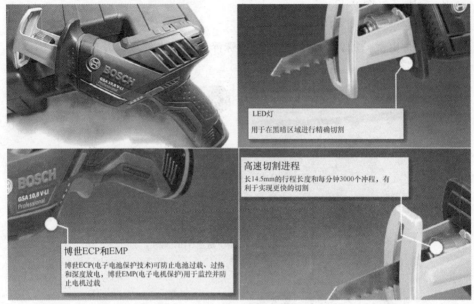

LED灯
用于在黑暗区域进行精确切割

高速切割进程
长14.5mm的行程长度和每分钟3000个冲程，有利于实现更快的切割

博世ECP和EMP
博世ECP(电子电池保护技术)可防止电池过载、过热和深度放电，博世EMP(电子电机保护)用于监控并防止电机过载

图 9-44 马刀锯外形图

7. 液压钢丝绳切断机（见图 9-46）

结构先进，式样美观，体积小、重量轻，可大大减轻切割钢丝绳的劳动强度，提高工作效率。

图 9-45 金属切割机外形图　　　图 9-46 液压钢丝绳切断机外形图

8. 链环型单轮闭口滑车（见图 9-47）

9. 安全帽（见图 9-48）

ABS 材质以及高级织物 8 点式内衬。

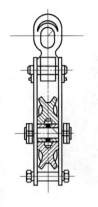
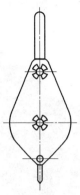

图 9-47　链环型单轮闭口滑车外形图

10. 安全绳（见图 9-49）

1）长度 2m；

2）钢制 O 型钩；

3）钢制大钩。

图 9-48　安全帽外形图　　　　　　　图 9-49　安全绳外形图

11. 钢锯架及锯条（见图 9-50）

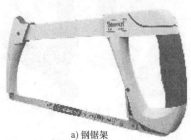

a) 钢锯架　　　　　　　　　　　　b) 锯条

图 9-50　钢锯架及锯条外形图

12. 工具箱（见图 9-51）

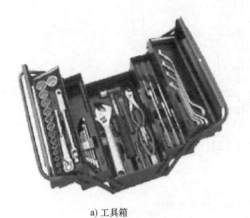

a）工具箱

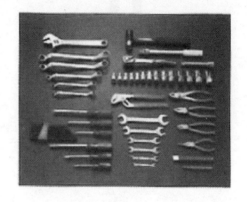

b）工具

图 9-51　工具箱外形图

13. 中继器推车（见图 9-52）

图 9-52　中继器推车外形图

1）配有聚亚安酯旋转脚轮，运动灵活；

2）脚轮配有制动器，可保持原位不动；

3）带有橡胶衬垫的"V"槽，可承载不同尺寸的中继器；

4）带有 4 个上钩环，可以向上起吊，或者向下捆扎；

5）乘载重量：1t。

14. 装卸滑轮（见图 9-53）

特点及技术指标：

1）滑轮可从侧边打开，方便装卸线缆；

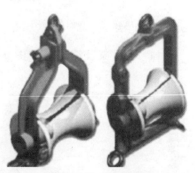

图 9-53　装卸滑轮外形图

2）滑轮和压盖使用 2 号防锈铝合金材料制作，支架主体使用 45 号钢材料制作。

9.3　海缆接续设备及工具器材

9.3.1　海缆接续设备

接续设备及器材由船上枪帆部门的接续测试班负责管理、维护和使用，主要包括：光纤熔接机、光纤切割机、高强度光纤熔接机等。

1. 光纤熔接机

光纤熔接机（见图9-54）在海光缆接续作业中用于光纤断点对接，可用于熔接各种类型的光纤。

2. 光纤切割刀

光纤切割刀（见图9-55）用于裸纤的切割。

1）光纤切割长度：6~20mm；

2）最短刀片寿命：48 000 次。

图9-54　光纤熔接机外形图

图9-55　光缆切割刀外形图

3. 高强度光纤熔接机

高强度光纤熔接机（见图9-56）用于熔接高强度光纤。

1）适用光纤：预设 5 个标准光纤熔接程序和 30 个特殊光纤程序；

2）平均损耗：最大 0.04dB；

3）测试力：0.1~4.5N。

4. 高强度光纤切割刀

高强度光纤切割刀用于切割高强度光纤。

5. 光纤热剥钳

光纤热剥钳在光纤熔接前对光纤端头进行处理，剥除涂覆层。

6. 超声波清洗器

超声波清洗器（见图 9-57）在光纤接续作业时，和在剥除光纤涂覆层后，利用酒精对裸露的纤芯进行清洗，以达到保证熔接质量的目的。

7. 光纤涂覆机

光纤涂覆机（见图 9-58）可对熔接完成的光纤断点进行涂敷，以增强光纤熔接点的机械强度，还可以对涂敷过的光纤进行抗拉强度测试。

图 9-56　高强度光纤熔接机外形图

图 9-57　超声波清洗器外形图

8. 光电话

光电话是一种利用光纤作为传输介质进行音频通话的通信器材。其基本功能是利用被接续完成的光纤进行音频通话，以检测被接续光纤的性能。

9. X光机技术

接头盒塑封后，利用 X 光机对注塑材料进行内部气泡检查。

10. 多功能台架

多功能台架（见图 9-59）可用

图 9-58　光纤涂覆机外形图

于硬接头盒、软接头、分支缆接头盒以及中继器的装配。

1）自重：≤180kg；

2）夹持光缆外径应满足：5~50mm；

3）夹持接头盒外径应满足：50~350mm。

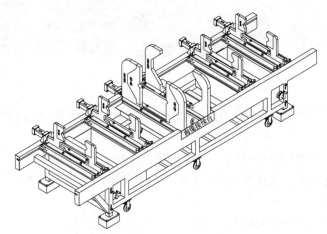

图 9-59　多功能台架外形图

11.小型专用注塑设备

小型专用注塑设备用于深海接头盒提供整体注塑绝缘密封。

12.电动注胶设备

电动注胶设备为海底光缆提供辅助密封胶体的设备，可在接头盒内外层结构之间填充保护性凝胶。

13.电动液压夹紧装置

电动液压夹紧装置为海底光缆接续内层铠装钢丝提供预紧力。

14.手动液压夹紧装置

手动液压夹紧装置为接头盒铠装夹紧提供预紧力。

9.3.2　海缆接续工具及器材

海缆接续用工具及器材包括：高强度液压钳、高强度液压剪、不锈钢环割刀、综合切割刀、护套纵剥刀、斜口钳、勾型扳手、钢丝钳、尖嘴钳、活口扳手、断线钳、套筒扳手、弯嘴卡簧钳、数显扭力扳手、手持充电式电动扳手、气动扭力扳手、游标卡尺、卷尺、移动工作车（定制）、充电式切割工具、充电LED工作灯、气动磨光机、手持式角磨机、手枪钻、热风枪、工具车、手提工具箱、气动工具箱和光缆接续工具箱等。

附　录

附录 A　GB/T 50328—2014《建设工程文件归档规范》

　　根据国家标准 GB/T 50328—2014《建设工程文件归档规范》，建设工程文件是指工程建设活动中直接形成的具有归档保存价值的文字、图表、声像等各种形式的历史记录。

　　其中和海缆工程相关的大致有：

一、工程准备阶段文件

（一）立项文件

1. 项目建议书

2. 项目建议书审批意见及前期工作通知

3. 可行性研究报告及附件

4. 可行性报告审批意见

5. 关于立项有关的会议纪要、领导讲话

6. 专家建议文件

7. 调查资料及项目评估研究材料

（二）建设用地、征地、拆迁文件（如有发生）

1. 选址申请及选址规划意见通知书

2. 用地申请报告及县以上人民政府城乡建设用地批准书

3. 拆迁安置协议、意见、方案等

4. 建设用地规划许可证及其附件

5. 划拨建设用地文件

6. 国有土地使用证

（三）勘察、测绘、设计文件

1. 工程勘察报告

2. 初步设计

3. 技术设计

4. 审定设计方案通知书及审查意见

5. 地方有关行政部门批准文件或取得的有关协议

6. 施工图及其说明

7. 设计计算书

8. 有关部门对施工图设计文件的审批意见

（四）招投标文件

1. 勘察设计招投标文件

2. 勘察设计承包合同

3. 施工招投标文件

4. 施工承包合同

5. 工程监理招投标文件

6. 监理委托合同

（五）开工审批文件

1. 建设项目列入年度计划的申报文件

2. 建设项目列入年度的批复文件或年度计划项目表

3. 规划审批报表及报送的文件和图样

4. 工程规划许可证及附件（如果有）

5. 工程开工审查表

6. 工程施工许可证

7. 投资许可证、审计证明等证明

8. 工程质量监督手续等

（六）财务文件

1. 工程投资估算材料

2. 工程设计概算材料

3. 施工图预算材料

4. 施工预算等

（七）建设、施工、监理机构及负责人名单

1. 工程项目管理机构（项目经理部）及负责人名单

2. 工程项目监理机构（项目监理部）及负责人名单

3. 工程项目施工管理机构（施工项目经理部）及负责人名单

二、监理文件

1. 监理规划

2. 监理月报中的有关质量问题

3. 监理会议纪要中的有关质量问题

4. 进度控制文件

5. 质量控制文件

6. 造价控制文件

7. 分包资质文件

8. 监理通知

9. 合同与其他管理事项文件

10. 监理工作总结

三、施工文件

1. 施工技术准备文件（施工组织设计、技术交底、图样会审记录、施工预算编制和审查、施工日志等）

2. 施工现场准备文件（控制网设置资料、工程定位测量资料、开挖线测量资料、施工安全措施、施工环保措施）

3. 施工图变更记录（设计会议会审记录、设计变更记录、工程洽商记录等）

4. 施工材料质量文件及试验报告

5. 设备、材料质量记录、安装记录（设备、产品质量合格证、质量保证书、设备装箱单、检验证明和说明书、开箱报告、设备安装记录、设备试运行记录、设备明细表等）

6. 施工试验记录、隐蔽工程签证

7. 施工记录

8. 工程质量事故处理记录

9. 工程质量验收记录

四、竣工图和竣工验收文件

1. 工程竣工总结（工程概况表、工程竣工总结）

2. 竣工验收记录（工程质量验收记录、竣工验收证明书、竣工验收报告、竣工验收备案表、工程质量保修书等）

3. 财务文件（决算文件、交付使用财产总表和财产明细表）

4. 声像、微缩、电子档案（工程照片、录音、录像材料、各种光盘、磁盘等）

附录 B　勘察有关技术标准

交通部标准《港口岩土工程勘察规范》（JTS 133-1—2010）

国家标准《岩土工程勘察规范》（GB 50021—2001（09））

海底电缆管道路由勘察规范（GB/T 17502—2009）

交通部标准《水运工程测量规范》（JTJ 203—2001）

国家标准《海洋调查规范-第 8 部分：海洋地质地球物理调查》 （GB/T 12763.8—2007）

《浅层地震勘查技术规范》（DZ/T 0170—1997）

《全球定位系统（GPS）测量规范》（GB/T 18314—2009）

国家标准《土工试验方法标准》（GB 50123—1999）

国家标准《工程岩体试验方法标准》（GB/T 50266—2013）

附录 C 设计有关标准及主要法规依据

《铺设海底电缆管道管理规定》（国务院 1989 年第 27 号令）

《军用光缆数字传输系统工程施工及验收技术规范》（GJB 1633—1993）

《军用海底光缆线路工程通用要求》（HJB 276—2016）

《海底光缆数字传输系统工程设计规范》（YD 5018—2005）

《长途通信光缆线路工程设计技术规范》（YD 5102—2010）

《通信管道人孔和手孔图集》（YD 5178—2009）